MATH FACTS ADDITION

ADDITION FACTS PRACTICE WORKBOOK

by

Blue Toad Press

Copyright © 2021 by Blue Toad Press

All rights reserved. No part of this book may be reproduced without written permission of the copyright owner, except for the use of limited quotations for the purpose of book reviews.

Table of Contents

Exercise Adding 1 .... 1 - 3

Exercise Adding 2 .... 4 - 6

Exercise Adding 3 .... 7 - 9

Exercise Adding 4 .... 10 - 12

Exercise Adding 5 .... 13 - 15

Exercise Adding 6 .... 16 - 18

Exercise Adding 7 .... 19 - 21

Exercise Adding 8 .... 22 - 24

Exercise Adding 9 .... 25 - 27

Exercise Adding 10 .... 28 - 30

Exercise Mixed Adding 0 - 10 .... 31 - 40

Exercise Adding 11 .... 41 - 43

Exercise Adding 12 .... 44 - 46

Exercise Adding 13 .... 47 - 49

Exercise Adding 14 .... 50 - 52

Exercise Adding 15 .... 53 - 55

Exercise Adding 16 .... 56 - 58

Exercise Adding 17 .... 59 - 61

Exercise Adding 18 .... 62 - 64

Exercise Adding 19 .... 65 - 67

Exercise Adding 20 .... 68 - 70

Exercise Mixed Adding 0 - 20 .... 71 - 90

Answer Keys

Name: _____ Score: _____ Time: _____ Date: _____

Exercise 1

1. 6 + 1 = _____
2. 8 + 1 = _____
3. 4 + 1 = _____
4. 7 + 1 = _____
5. 5 + 1 = _____
6. 9 + 1 = _____
7. 1 + 1 = _____
8. 2 + 1 = _____
9. 0 + 1 = _____
10. 10 + 1 = _____
11. 3 + 1 = _____
12. 9 + 1 = _____
13. 7 + 1 = _____
14. 8 + 1 = _____
15. 4 + 1 = _____
16. 5 + 1 = _____
17. 3 + 1 = _____
18. 4 + 1 = _____
19. 5 + 1 = _____
20. 5 + 1 = _____
21. 4 + 1 = _____
22. 5 + 1 = _____
23. 5 + 1 = _____
24. 3 + 1 = _____
25. 7 + 1 = _____
26. 9 + 1 = _____
27. 10 + 1 = _____
28. 5 + 1 = _____
29. 7 + 1 = _____
30. 5 + 1 = _____
31. 7 + 1 = _____
32. 1 + 1 = _____
33. 9 + 1 = _____
34. 0 + 1 = _____
35. 2 + 1 = _____
36. 6 + 1 = _____
37. 3 + 1 = _____
38. 0 + 1 = _____
39. 3 + 1 = _____
40. 6 + 1 = _____
41. 6 + 1 = _____
42. 8 + 1 = _____
43. 9 + 1 = _____
44. 7 + 1 = _____
45. 8 + 1 = _____

Exercise 1

Name: _____ Score: _____ Time: _____ Date: _____

Exercise 2

1. 9 + 1 = _____
2. 8 + 1 = _____
3. 4 + 1 = _____
4. 0 + 1 = _____
5. 3 + 1 = _____
6. 5 + 1 = _____
7. 7 + 1 = _____
8. 6 + 1 = _____
9. 1 + 1 = _____
10. 10 + 1 = _____
11. 2 + 1 = _____
12. 0 + 1 = _____
13. 5 + 1 = _____
14. 2 + 1 = _____
15. 3 + 1 = _____
16. 4 + 1 = _____
17. 5 + 1 = _____
18. 8 + 1 = _____
19. 4 + 1 = _____
20. 5 + 1 = _____
21. 8 + 1 = _____
22. 4 + 1 = _____
23. 10 + 1 = _____
24. 10 + 1 = _____
25. 4 + 1 = _____
26. 2 + 1 = _____
27. 1 + 1 = _____
28. 10 + 1 = _____
29. 8 + 1 = _____
30. 4 + 1 = _____
31. 8 + 1 = _____
32. 6 + 1 = _____
33. 5 + 1 = _____
34. 10 + 1 = _____
35. 8 + 1 = _____
36. 7 + 1 = _____
37. 2 + 1 = _____
38. 5 + 1 = _____
39. 7 + 1 = _____
40. 5 + 1 = _____
41. 8 + 1 = _____
42. 6 + 1 = _____
43. 0 + 1 = _____
44. 0 + 1 = _____
45. 8 + 1 = _____

Name: _____ Score: _____ Time: _____ Date: _____

Exercise 3

1. 10 + 1 = _____
2. 4 + 1 = _____
3. 2 + 1 = _____
4. 8 + 1 = _____
5. 7 + 1 = _____
6. 0 + 1 = _____
7. 5 + 1 = _____
8. 1 + 1 = _____
9. 3 + 1 = _____
10. 9 + 1 = _____
11. 6 + 1 = _____
12. 8 + 1 = _____
13. 3 + 1 = _____
14. 4 + 1 = _____
15. 8 + 1 = _____
16. 0 + 1 = _____
17. 4 + 1 = _____
18. 6 + 1 = _____
19. 3 + 1 = _____
20. 3 + 1 = _____
21. 5 + 1 = _____
22. 9 + 1 = _____
23. 5 + 1 = _____
24. 10 + 1 = _____
25. 6 + 1 = _____
26. 2 + 1 = _____
27. 0 + 1 = _____
28. 6 + 1 = _____
29. 9 + 1 = _____
30. 2 + 1 = _____
31. 6 + 1 = _____
32. 6 + 1 = _____
33. 5 + 1 = _____
34. 3 + 1 = _____
35. 9 + 1 = _____
36. 10 + 1 = _____
37. 0 + 1 = _____
38. 4 + 1 = _____
39. 3 + 1 = _____
40. 9 + 1 = _____
41. 4 + 1 = _____
42. 10 + 1 = _____
43. 0 + 1 = _____
44. 3 + 1 = _____
45. 8 + 1 = _____

Name: _____ Score: _____ Time: _____ Date: _____

Exercise 4

1. 2 + 2 = _____
2. 6 + 2 = _____
3. 9 + 2 = _____
4. 3 + 2 = _____
5. 8 + 2 = _____
6. 4 + 2 = _____
7. 7 + 2 = _____
8. 10 + 2 = _____
9. 5 + 2 = _____
10. 1 + 2 = _____
11. 0 + 2 = _____
12. 0 + 2 = _____
13. 6 + 2 = _____
14. 10 + 2 = _____
15. 9 + 2 = _____
16. 8 + 2 = _____
17. 0 + 2 = _____
18. 6 + 2 = _____
19. 10 + 2 = _____
20. 8 + 2 = _____
21. 9 + 2 = _____
22. 2 + 2 = _____
23. 5 + 2 = _____
24. 5 + 2 = _____
25. 6 + 2 = _____
26. 7 + 2 = _____
27. 5 + 2 = _____
28. 4 + 2 = _____
29. 6 + 2 = _____
30. 4 + 2 = _____
31. 10 + 2 = _____
32. 1 + 2 = _____
33. 6 + 2 = _____
34. 4 + 2 = _____
35. 5 + 2 = _____
36. 9 + 2 = _____
37. 0 + 2 = _____
38. 1 + 2 = _____
39. 0 + 2 = _____
40. 3 + 2 = _____
41. 10 + 2 = _____
42. 4 + 2 = _____
43. 4 + 2 = _____
44. 6 + 2 = _____
45. 7 + 2 = _____

Name: _____ Score: _____ Time: _____ Date: _____

Exercise 5

1. 0 + 2 = _____
2. 7 + 2 = _____
3. 5 + 2 = _____
4. 9 + 2 = _____
5. 1 + 2 = _____
6. 10 + 2 = _____
7. 3 + 2 = _____
8. 6 + 2 = _____
9. 2 + 2 = _____
10. 8 + 2 = _____
11. 4 + 2 = _____
12. 10 + 2 = _____
13. 8 + 2 = _____
14. 10 + 2 = _____
15. 7 + 2 = _____
16. 2 + 2 = _____
17. 1 + 2 = _____
18. 6 + 2 = _____
19. 7 + 2 = _____
20. 0 + 2 = _____
21. 10 + 2 = _____
22. 7 + 2 = _____
23. 0 + 2 = _____
24. 1 + 2 = _____
25. 1 + 2 = _____
26. 5 + 2 = _____
27. 4 + 2 = _____
28. 5 + 2 = _____
29. 5 + 2 = _____
30. 0 + 2 = _____
31. 8 + 2 = _____
32. 4 + 2 = _____
33. 8 + 2 = _____
34. 4 + 2 = _____
35. 3 + 2 = _____
36. 4 + 2 = _____
37. 4 + 2 = _____
38. 7 + 2 = _____
39. 8 + 2 = _____
40. 4 + 2 = _____
41. 1 + 2 = _____
42. 10 + 2 = _____
43. 1 + 2 = _____
44. 8 + 2 = _____
45. 3 + 2 = _____

Exercise 5

Name: _____ Score: _____ Time: _____ Date: _____

Exercise 6

1. 4 + 2 = _____
2. 3 + 2 = _____
3. 1 + 2 = _____
4. 2 + 2 = _____
5. 9 + 2 = _____
6. 7 + 2 = _____
7. 5 + 2 = _____
8. 6 + 2 = _____
9. 8 + 2 = _____
10. 10 + 2 = _____
11. 0 + 2 = _____
12. 7 + 2 = _____
13. 4 + 2 = _____
14. 0 + 2 = _____
15. 5 + 2 = _____
16. 4 + 2 = _____
17. 5 + 2 = _____
18. 0 + 2 = _____
19. 2 + 2 = _____
20. 8 + 2 = _____
21. 4 + 2 = _____
22. 5 + 2 = _____
23. 1 + 2 = _____
24. 3 + 2 = _____
25. 2 + 2 = _____
26. 10 + 2 = _____
27. 5 + 2 = _____
28. 5 + 2 = _____
29. 7 + 2 = _____
30. 1 + 2 = _____
31. 10 + 2 = _____
32. 8 + 2 = _____
33. 7 + 2 = _____
34. 10 + 2 = _____
35. 2 + 2 = _____
36. 10 + 2 = _____
37. 8 + 2 = _____
38. 6 + 2 = _____
39. 3 + 2 = _____
40. 6 + 2 = _____
41. 5 + 2 = _____
42. 5 + 2 = _____
43. 8 + 2 = _____
44. 2 + 2 = _____
45. 5 + 2 = _____

Name: _____ Score: _____ Time: _____ Date: _____

Exercise 7

1. 2 + 3 = _____
2. 5 + 3 = _____
3. 6 + 3 = _____
4. 0 + 3 = _____
5. 8 + 3 = _____
6. 10 + 3 = _____
7. 3 + 3 = _____
8. 9 + 3 = _____
9. 4 + 3 = _____
10. 1 + 3 = _____
11. 7 + 3 = _____
12. 5 + 3 = _____
13. 0 + 3 = _____
14. 1 + 3 = _____
15. 7 + 3 = _____
16. 3 + 3 = _____
17. 7 + 3 = _____
18. 7 + 3 = _____
19. 5 + 3 = _____
20. 1 + 3 = _____
21. 0 + 3 = _____
22. 3 + 3 = _____
23. 0 + 3 = _____
24. 4 + 3 = _____
25. 9 + 3 = _____
26. 7 + 3 = _____
27. 2 + 3 = _____
28. 10 + 3 = _____
29. 6 + 3 = _____
30. 5 + 3 = _____
31. 1 + 3 = _____
32. 9 + 3 = _____
33. 2 + 3 = _____
34. 10 + 3 = _____
35. 6 + 3 = _____
36. 8 + 3 = _____
37. 0 + 3 = _____
38. 2 + 3 = _____
39. 5 + 3 = _____
40. 1 + 3 = _____
41. 7 + 3 = _____
42. 10 + 3 = _____
43. 2 + 3 = _____
44. 0 + 3 = _____
45. 9 + 3 = _____

Name: _____ Score: _____ Time: _____ Date: _____

Exercise 8

1. 5 + 3 = _____
2. 9 + 3 = _____
3. 1 + 3 = _____
4. 4 + 3 = _____
5. 8 + 3 = _____
6. 7 + 3 = _____
7. 0 + 3 = _____
8. 6 + 3 = _____
9. 3 + 3 = _____
10. 2 + 3 = _____
11. 10 + 3 = _____
12. 4 + 3 = _____
13. 1 + 3 = _____
14. 6 + 3 = _____
15. 3 + 3 = _____
16. 5 + 3 = _____
17. 7 + 3 = _____
18. 2 + 3 = _____
19. 6 + 3 = _____
20. 7 + 3 = _____
21. 3 + 3 = _____
22. 4 + 3 = _____
23. 1 + 3 = _____
24. 3 + 3 = _____
25. 6 + 3 = _____
26. 8 + 3 = _____
27. 0 + 3 = _____
28. 10 + 3 = _____
29. 3 + 3 = _____
30. 8 + 3 = _____
31. 3 + 3 = _____
32. 8 + 3 = _____
33. 0 + 3 = _____
34. 5 + 3 = _____
35. 10 + 3 = _____
36. 10 + 3 = _____
37. 2 + 3 = _____
38. 4 + 3 = _____
39. 7 + 3 = _____
40. 2 + 3 = _____
41. 8 + 3 = _____
42. 2 + 3 = _____
43. 3 + 3 = _____
44. 5 + 3 = _____
45. 1 + 3 = _____

Name: _____ Score: _____ Time: _____ Date: _____

Exercise 9

1. 2 + 3 = _____
2. 6 + 3 = _____
3. 4 + 3 = _____
4. 0 + 3 = _____
5. 5 + 3 = _____
6. 10 + 3 = _____
7. 8 + 3 = _____
8. 7 + 3 = _____
9. 1 + 3 = _____
10. 9 + 3 = _____
11. 3 + 3 = _____
12. 5 + 3 = _____
13. 6 + 3 = _____
14. 6 + 3 = _____
15. 0 + 3 = _____
16. 8 + 3 = _____
17. 7 + 3 = _____
18. 4 + 3 = _____
19. 0 + 3 = _____
20. 9 + 3 = _____
21. 6 + 3 = _____
22. 10 + 3 = _____
23. 5 + 3 = _____
24. 4 + 3 = _____
25. 0 + 3 = _____
26. 5 + 3 = _____
27. 9 + 3 = _____
28. 1 + 3 = _____
29. 8 + 3 = _____
30. 3 + 3 = _____
31. 9 + 3 = _____
32. 7 + 3 = _____
33. 2 + 3 = _____
34. 4 + 3 = _____
35. 4 + 3 = _____
36. 6 + 3 = _____
37. 3 + 3 = _____
38. 0 + 3 = _____
39. 1 + 3 = _____
40. 0 + 3 = _____
41. 1 + 3 = _____
42. 1 + 3 = _____
43. 8 + 3 = _____
44. 0 + 3 = _____
45. 9 + 3 = _____

Exercise 9

Name: _____ Score: _____ Time: _____ Date: _____

Exercise 10

1. 10 + 4 = _____
2. 6 + 4 = _____
3. 1 + 4 = _____
4. 3 + 4 = _____
5. 0 + 4 = _____
6. 4 + 4 = _____
7. 7 + 4 = _____
8. 2 + 4 = _____
9. 8 + 4 = _____
10. 9 + 4 = _____
11. 5 + 4 = _____
12. 5 + 4 = _____
13. 2 + 4 = _____
14. 6 + 4 = _____
15. 6 + 4 = _____
16. 10 + 4 = _____
17. 6 + 4 = _____
18. 1 + 4 = _____
19. 1 + 4 = _____
20. 8 + 4 = _____
21. 4 + 4 = _____
22. 4 + 4 = _____
23. 10 + 4 = _____
24. 8 + 4 = _____
25. 0 + 4 = _____
26. 8 + 4 = _____
27. 0 + 4 = _____
28. 10 + 4 = _____
29. 1 + 4 = _____
30. 1 + 4 = _____
31. 6 + 4 = _____
32. 2 + 4 = _____
33. 8 + 4 = _____
34. 10 + 4 = _____
35. 2 + 4 = _____
36. 7 + 4 = _____
37. 2 + 4 = _____
38. 4 + 4 = _____
39. 8 + 4 = _____
40. 7 + 4 = _____
41. 0 + 4 = _____
42. 3 + 4 = _____
43. 6 + 4 = _____
44. 7 + 4 = _____
45. 0 + 4 = _____

Name: _____ Score: _____ Time: _____ Date: _____

Exercise 11

1. 7 + 4 = _____
2. 3 + 4 = _____
3. 5 + 4 = _____

4. 10 + 4 = _____
5. 0 + 4 = _____
6. 8 + 4 = _____

7. 2 + 4 = _____
8. 4 + 4 = _____
9. 1 + 4 = _____

10. 6 + 4 = _____
11. 9 + 4 = _____
12. 0 + 4 = _____

13. 7 + 4 = _____
14. 2 + 4 = _____
15. 9 + 4 = _____

16. 9 + 4 = _____
17. 3 + 4 = _____
18. 0 + 4 = _____

19. 2 + 4 = _____
20. 5 + 4 = _____
21. 5 + 4 = _____

22. 5 + 4 = _____
23. 1 + 4 = _____
24. 4 + 4 = _____

25. 5 + 4 = _____
26. 4 + 4 = _____
27. 4 + 4 = _____

28. 2 + 4 = _____
29. 7 + 4 = _____
30. 6 + 4 = _____

31. 5 + 4 = _____
32. 4 + 4 = _____
33. 9 + 4 = _____

34. 5 + 4 = _____
35. 1 + 4 = _____
36. 2 + 4 = _____

37. 3 + 4 = _____
38. 1 + 4 = _____
39. 2 + 4 = _____

40. 6 + 4 = _____
41. 4 + 4 = _____
42. 7 + 4 = _____

43. 6 + 4 = _____
44. 7 + 4 = _____
45. 7 + 4 = _____

Exercise 11

Name: _____ Score: _____ Time: _____ Date: _____

Exercise 12

1. 10 + 4 = _____
2. 0 + 4 = _____
3. 9 + 4 = _____

4. 6 + 4 = _____
5. 3 + 4 = _____
6. 8 + 4 = _____

7. 4 + 4 = _____
8. 1 + 4 = _____
9. 5 + 4 = _____

10. 2 + 4 = _____
11. 7 + 4 = _____
12. 9 + 4 = _____

13. 1 + 4 = _____
14. 8 + 4 = _____
15. 1 + 4 = _____

16. 1 + 4 = _____
17. 1 + 4 = _____
18. 5 + 4 = _____

19. 0 + 4 = _____
20. 9 + 4 = _____
21. 10 + 4 = _____

22. 5 + 4 = _____
23. 7 + 4 = _____
24. 1 + 4 = _____

25. 5 + 4 = _____
26. 3 + 4 = _____
27. 9 + 4 = _____

28. 8 + 4 = _____
29. 1 + 4 = _____
30. 7 + 4 = _____

31. 0 + 4 = _____
32. 7 + 4 = _____
33. 4 + 4 = _____

34. 5 + 4 = _____
35. 0 + 4 = _____
36. 0 + 4 = _____

37. 1 + 4 = _____
38. 8 + 4 = _____
39. 1 + 4 = _____

40. 5 + 4 = _____
41. 2 + 4 = _____
42. 3 + 4 = _____

43. 5 + 4 = _____
44. 8 + 4 = _____
45. 3 + 4 = _____

Name: _____ Score: _____ Time: _____ Date: _____

Exercise 13

1. 9 + 5 = _____
2. 10 + 5 = _____
3. 2 + 5 = _____
4. 4 + 5 = _____
5. 7 + 5 = _____
6. 0 + 5 = _____
7. 1 + 5 = _____
8. 5 + 5 = _____
9. 3 + 5 = _____
10. 6 + 5 = _____
11. 8 + 5 = _____
12. 5 + 5 = _____
13. 4 + 5 = _____
14. 6 + 5 = _____
15. 8 + 5 = _____
16. 9 + 5 = _____
17. 2 + 5 = _____
18. 4 + 5 = _____
19. 7 + 5 = _____
20. 7 + 5 = _____
21. 8 + 5 = _____
22. 10 + 5 = _____
23. 7 + 5 = _____
24. 5 + 5 = _____
25. 2 + 5 = _____
26. 2 + 5 = _____
27. 7 + 5 = _____
28. 1 + 5 = _____
29. 5 + 5 = _____
30. 2 + 5 = _____
31. 5 + 5 = _____
32. 1 + 5 = _____
33. 1 + 5 = _____
34. 10 + 5 = _____
35. 4 + 5 = _____
36. 8 + 5 = _____
37. 1 + 5 = _____
38. 4 + 5 = _____
39. 10 + 5 = _____
40. 9 + 5 = _____
41. 5 + 5 = _____
42. 7 + 5 = _____
43. 6 + 5 = _____
44. 4 + 5 = _____
45. 3 + 5 = _____

Name: _____ Score: _____ Time: _____ Date: _____

Exercise 14

1. 2 + 5 = _____
2. 3 + 5 = _____
3. 8 + 5 = _____
4. 9 + 5 = _____
5. 5 + 5 = _____
6. 0 + 5 = _____
7. 1 + 5 = _____
8. 4 + 5 = _____
9. 6 + 5 = _____
10. 7 + 5 = _____
11. 10 + 5 = _____
12. 3 + 5 = _____
13. 0 + 5 = _____
14. 10 + 5 = _____
15. 7 + 5 = _____
16. 9 + 5 = _____
17. 2 + 5 = _____
18. 7 + 5 = _____
19. 6 + 5 = _____
20. 2 + 5 = _____
21. 9 + 5 = _____
22. 9 + 5 = _____
23. 7 + 5 = _____
24. 3 + 5 = _____
25. 7 + 5 = _____
26. 1 + 5 = _____
27. 8 + 5 = _____
28. 10 + 5 = _____
29. 7 + 5 = _____
30. 7 + 5 = _____
31. 9 + 5 = _____
32. 5 + 5 = _____
33. 10 + 5 = _____
34. 1 + 5 = _____
35. 1 + 5 = _____
36. 10 + 5 = _____
37. 10 + 5 = _____
38. 5 + 5 = _____
39. 3 + 5 = _____
40. 10 + 5 = _____
41. 0 + 5 = _____
42. 7 + 5 = _____
43. 9 + 5 = _____
44. 9 + 5 = _____
45. 0 + 5 = _____

Name: _____ Score: _____ Time: _____ Date: _____

Exercise 15

1. 7 + 5 = _____
2. 3 + 5 = _____
3. 4 + 5 = _____
4. 2 + 5 = _____
5. 6 + 5 = _____
6. 9 + 5 = _____
7. 0 + 5 = _____
8. 10 + 5 = _____
9. 1 + 5 = _____
10. 5 + 5 = _____
11. 8 + 5 = _____
12. 7 + 5 = _____
13. 8 + 5 = _____
14. 7 + 5 = _____
15. 6 + 5 = _____
16. 8 + 5 = _____
17. 4 + 5 = _____
18. 0 + 5 = _____
19. 8 + 5 = _____
20. 7 + 5 = _____
21. 10 + 5 = _____
22. 6 + 5 = _____
23. 3 + 5 = _____
24. 0 + 5 = _____
25. 4 + 5 = _____
26. 10 + 5 = _____
27. 3 + 5 = _____
28. 0 + 5 = _____
29. 4 + 5 = _____
30. 0 + 5 = _____
31. 0 + 5 = _____
32. 3 + 5 = _____
33. 1 + 5 = _____
34. 7 + 5 = _____
35. 0 + 5 = _____
36. 1 + 5 = _____
37. 0 + 5 = _____
38. 6 + 5 = _____
39. 7 + 5 = _____
40. 4 + 5 = _____
41. 0 + 5 = _____
42. 0 + 5 = _____
43. 3 + 5 = _____
44. 8 + 5 = _____
45. 3 + 5 = _____

Name: _____ Score: _____ Time: _____ Date: _____

Exercise 16

1. 8 + 6 = _____
2. 5 + 6 = _____
3. 4 + 6 = _____
4. 10 + 6 = _____
5. 3 + 6 = _____
6. 7 + 6 = _____
7. 0 + 6 = _____
8. 6 + 6 = _____
9. 2 + 6 = _____
10. 9 + 6 = _____
11. 1 + 6 = _____
12. 0 + 6 = _____
13. 9 + 6 = _____
14. 10 + 6 = _____
15. 10 + 6 = _____
16. 2 + 6 = _____
17. 8 + 6 = _____
18. 9 + 6 = _____
19. 2 + 6 = _____
20. 7 + 6 = _____
21. 4 + 6 = _____
22. 3 + 6 = _____
23. 7 + 6 = _____
24. 3 + 6 = _____
25. 2 + 6 = _____
26. 3 + 6 = _____
27. 2 + 6 = _____
28. 1 + 6 = _____
29. 10 + 6 = _____
30. 10 + 6 = _____
31. 10 + 6 = _____
32. 8 + 6 = _____
33. 4 + 6 = _____
34. 8 + 6 = _____
35. 10 + 6 = _____
36. 0 + 6 = _____
37. 3 + 6 = _____
38. 1 + 6 = _____
39. 3 + 6 = _____
40. 6 + 6 = _____
41. 10 + 6 = _____
42. 3 + 6 = _____
43. 9 + 6 = _____
44. 2 + 6 = _____
45. 5 + 6 = _____

Name: _____ Score: _____ Time: _____ Date: _____

Exercise 17

1. 7 + 6 = _____
2. 2 + 6 = _____
3. 5 + 6 = _____
4. 8 + 6 = _____
5. 3 + 6 = _____
6. 9 + 6 = _____
7. 4 + 6 = _____
8. 0 + 6 = _____
9. 1 + 6 = _____
10. 6 + 6 = _____
11. 10 + 6 = _____
12. 1 + 6 = _____
13. 3 + 6 = _____
14. 3 + 6 = _____
15. 8 + 6 = _____
16. 6 + 6 = _____
17. 9 + 6 = _____
18. 3 + 6 = _____
19. 10 + 6 = _____
20. 4 + 6 = _____
21. 1 + 6 = _____
22. 3 + 6 = _____
23. 10 + 6 = _____
24. 10 + 6 = _____
25. 5 + 6 = _____
26. 1 + 6 = _____
27. 2 + 6 = _____
28. 9 + 6 = _____
29. 1 + 6 = _____
30. 0 + 6 = _____
31. 6 + 6 = _____
32. 5 + 6 = _____
33. 1 + 6 = _____
34. 7 + 6 = _____
35. 5 + 6 = _____
36. 4 + 6 = _____
37. 1 + 6 = _____
38. 3 + 6 = _____
39. 9 + 6 = _____
40. 5 + 6 = _____
41. 4 + 6 = _____
42. 0 + 6 = _____
43. 4 + 6 = _____
44. 2 + 6 = _____
45. 0 + 6 = _____

Name: _____ Score: _____ Time: _____ Date: _____

Exercise 18

1. 8 + 6 = _____
2. 5 + 6 = _____
3. 6 + 6 = _____
4. 10 + 6 = _____
5. 1 + 6 = _____
6. 0 + 6 = _____
7. 3 + 6 = _____
8. 7 + 6 = _____
9. 4 + 6 = _____
10. 2 + 6 = _____
11. 9 + 6 = _____
12. 3 + 6 = _____
13. 5 + 6 = _____
14. 3 + 6 = _____
15. 5 + 6 = _____
16. 7 + 6 = _____
17. 8 + 6 = _____
18. 9 + 6 = _____
19. 1 + 6 = _____
20. 2 + 6 = _____
21. 4 + 6 = _____
22. 5 + 6 = _____
23. 5 + 6 = _____
24. 8 + 6 = _____
25. 5 + 6 = _____
26. 4 + 6 = _____
27. 0 + 6 = _____
28. 6 + 6 = _____
29. 10 + 6 = _____
30. 6 + 6 = _____
31. 3 + 6 = _____
32. 2 + 6 = _____
33. 8 + 6 = _____
34. 4 + 6 = _____
35. 10 + 6 = _____
36. 9 + 6 = _____
37. 3 + 6 = _____
38. 9 + 6 = _____
39. 1 + 6 = _____
40. 7 + 6 = _____
41. 10 + 6 = _____
42. 2 + 6 = _____
43. 5 + 6 = _____
44. 0 + 6 = _____
45. 7 + 6 = _____

Name: _____ Score: _____ Time: _____ Date: _____

Exercise 19

1. 3 + 7 = _____
2. 1 + 7 = _____
3. 2 + 7 = _____
4. 5 + 7 = _____
5. 0 + 7 = _____
6. 6 + 7 = _____
7. 7 + 7 = _____
8. 8 + 7 = _____
9. 4 + 7 = _____
10. 10 + 7 = _____
11. 9 + 7 = _____
12. 9 + 7 = _____
13. 2 + 7 = _____
14. 10 + 7 = _____
15. 4 + 7 = _____
16. 6 + 7 = _____
17. 6 + 7 = _____
18. 6 + 7 = _____
19. 8 + 7 = _____
20. 1 + 7 = _____
21. 10 + 7 = _____
22. 3 + 7 = _____
23. 10 + 7 = _____
24. 2 + 7 = _____
25. 10 + 7 = _____
26. 1 + 7 = _____
27. 4 + 7 = _____
28. 3 + 7 = _____
29. 7 + 7 = _____
30. 8 + 7 = _____
31. 10 + 7 = _____
32. 6 + 7 = _____
33. 7 + 7 = _____
34. 8 + 7 = _____
35. 1 + 7 = _____
36. 0 + 7 = _____
37. 4 + 7 = _____
38. 3 + 7 = _____
39. 6 + 7 = _____
40. 3 + 7 = _____
41. 3 + 7 = _____
42. 3 + 7 = _____
43. 8 + 7 = _____
44. 1 + 7 = _____
45. 7 + 7 = _____

Name: _____ Score: _____ Time: _____ Date: _____

Exercise 20

1. 6 + 7 = _____
2. 1 + 7 = _____
3. 8 + 7 = _____
4. 2 + 7 = _____
5. 10 + 7 = _____
6. 3 + 7 = _____
7. 9 + 7 = _____
8. 0 + 7 = _____
9. 4 + 7 = _____
10. 7 + 7 = _____
11. 5 + 7 = _____
12. 1 + 7 = _____
13. 6 + 7 = _____
14. 5 + 7 = _____
15. 8 + 7 = _____
16. 5 + 7 = _____
17. 8 + 7 = _____
18. 0 + 7 = _____
19. 4 + 7 = _____
20. 6 + 7 = _____
21. 4 + 7 = _____
22. 6 + 7 = _____
23. 3 + 7 = _____
24. 3 + 7 = _____
25. 5 + 7 = _____
26. 7 + 7 = _____
27. 6 + 7 = _____
28. 9 + 7 = _____
29. 1 + 7 = _____
30. 7 + 7 = _____
31. 0 + 7 = _____
32. 7 + 7 = _____
33. 4 + 7 = _____
34. 6 + 7 = _____
35. 6 + 7 = _____
36. 10 + 7 = _____
37. 1 + 7 = _____
38. 1 + 7 = _____
39. 4 + 7 = _____
40. 7 + 7 = _____
41. 1 + 7 = _____
42. 0 + 7 = _____
43. 9 + 7 = _____
44. 7 + 7 = _____
45. 6 + 7 = _____

Name: _____ Score: _____ Time: _____ Date: _____

Exercise 21

1. 6 + 7 = _____
2. 1 + 7 = _____
3. 5 + 7 = _____
4. 0 + 7 = _____
5. 9 + 7 = _____
6. 7 + 7 = _____
7. 2 + 7 = _____
8. 10 + 7 = _____
9. 8 + 7 = _____
10. 3 + 7 = _____
11. 4 + 7 = _____
12. 5 + 7 = _____
13. 1 + 7 = _____
14. 5 + 7 = _____
15. 7 + 7 = _____
16. 5 + 7 = _____
17. 5 + 7 = _____
18. 1 + 7 = _____
19. 4 + 7 = _____
20. 3 + 7 = _____
21. 6 + 7 = _____
22. 5 + 7 = _____
23. 5 + 7 = _____
24. 9 + 7 = _____
25. 5 + 7 = _____
26. 8 + 7 = _____
27. 6 + 7 = _____
28. 4 + 7 = _____
29. 9 + 7 = _____
30. 3 + 7 = _____
31. 8 + 7 = _____
32. 2 + 7 = _____
33. 0 + 7 = _____
34. 4 + 7 = _____
35. 7 + 7 = _____
36. 5 + 7 = _____
37. 2 + 7 = _____
38. 7 + 7 = _____
39. 2 + 7 = _____
40. 6 + 7 = _____
41. 7 + 7 = _____
42. 2 + 7 = _____
43. 3 + 7 = _____
44. 5 + 7 = _____
45. 3 + 7 = _____

Exercise 21

Name: _____ Score: _____ Time: _____ Date: _____

Exercise 22

1. 8 + 8 = _____
2. 3 + 8 = _____
3. 7 + 8 = _____
4. 0 + 8 = _____
5. 5 + 8 = _____
6. 6 + 8 = _____
7. 9 + 8 = _____
8. 1 + 8 = _____
9. 10 + 8 = _____
10. 4 + 8 = _____
11. 2 + 8 = _____
12. 6 + 8 = _____
13. 4 + 8 = _____
14. 1 + 8 = _____
15. 0 + 8 = _____
16. 6 + 8 = _____
17. 9 + 8 = _____
18. 0 + 8 = _____
19. 7 + 8 = _____
20. 3 + 8 = _____
21. 4 + 8 = _____
22. 4 + 8 = _____
23. 1 + 8 = _____
24. 2 + 8 = _____
25. 10 + 8 = _____
26. 5 + 8 = _____
27. 8 + 8 = _____
28. 4 + 8 = _____
29. 6 + 8 = _____
30. 1 + 8 = _____
31. 8 + 8 = _____
32. 3 + 8 = _____
33. 6 + 8 = _____
34. 1 + 8 = _____
35. 5 + 8 = _____
36. 0 + 8 = _____
37. 0 + 8 = _____
38. 0 + 8 = _____
39. 10 + 8 = _____
40. 3 + 8 = _____
41. 4 + 8 = _____
42. 5 + 8 = _____
43. 4 + 8 = _____
44. 2 + 8 = _____
45. 4 + 8 = _____

Name: _____ Score: _____ Time: _____ Date: _____

Exercise 23

1. 1 + 8 = _____
2. 6 + 8 = _____
3. 7 + 8 = _____
4. 9 + 8 = _____
5. 3 + 8 = _____
6. 5 + 8 = _____
7. 4 + 8 = _____
8. 2 + 8 = _____
9. 10 + 8 = _____
10. 8 + 8 = _____
11. 0 + 8 = _____
12. 2 + 8 = _____
13. 2 + 8 = _____
14. 1 + 8 = _____
15. 3 + 8 = _____
16. 4 + 8 = _____
17. 1 + 8 = _____
18. 9 + 8 = _____
19. 2 + 8 = _____
20. 2 + 8 = _____
21. 9 + 8 = _____
22. 8 + 8 = _____
23. 3 + 8 = _____
24. 10 + 8 = _____
25. 5 + 8 = _____
26. 5 + 8 = _____
27. 1 + 8 = _____
28. 5 + 8 = _____
29. 8 + 8 = _____
30. 8 + 8 = _____
31. 8 + 8 = _____
32. 9 + 8 = _____
33. 7 + 8 = _____
34. 9 + 8 = _____
35. 2 + 8 = _____
36. 4 + 8 = _____
37. 5 + 8 = _____
38. 9 + 8 = _____
39. 9 + 8 = _____
40. 10 + 8 = _____
41. 6 + 8 = _____
42. 3 + 8 = _____
43. 10 + 8 = _____
44. 1 + 8 = _____
45. 7 + 8 = _____

Exercise 23

Name: _____ Score: _____ Time: _____ Date: _____

Exercise 24

1. 1 + 8 = _____
2. 9 + 8 = _____
3. 2 + 8 = _____
4. 8 + 8 = _____
5. 7 + 8 = _____
6. 3 + 8 = _____
7. 5 + 8 = _____
8. 0 + 8 = _____
9. 10 + 8 = _____
10. 4 + 8 = _____
11. 6 + 8 = _____
12. 4 + 8 = _____
13. 8 + 8 = _____
14. 0 + 8 = _____
15. 10 + 8 = _____
16. 10 + 8 = _____
17. 0 + 8 = _____
18. 4 + 8 = _____
19. 10 + 8 = _____
20. 10 + 8 = _____
21. 2 + 8 = _____
22. 3 + 8 = _____
23. 10 + 8 = _____
24. 3 + 8 = _____
25. 5 + 8 = _____
26. 3 + 8 = _____
27. 5 + 8 = _____
28. 6 + 8 = _____
29. 1 + 8 = _____
30. 10 + 8 = _____
31. 8 + 8 = _____
32. 6 + 8 = _____
33. 1 + 8 = _____
34. 0 + 8 = _____
35. 5 + 8 = _____
36. 3 + 8 = _____
37. 9 + 8 = _____
38. 10 + 8 = _____
39. 0 + 8 = _____
40. 3 + 8 = _____
41. 6 + 8 = _____
42. 10 + 8 = _____
43. 7 + 8 = _____
44. 2 + 8 = _____
45. 6 + 8 = _____

Name: _____ Score: _____ Time: _____ Date: _____

Exercise 25

1. 7 + 9 = _____
2. 3 + 9 = _____
3. 8 + 9 = _____
4. 5 + 9 = _____
5. 2 + 9 = _____
6. 1 + 9 = _____
7. 6 + 9 = _____
8. 10 + 9 = _____
9. 9 + 9 = _____
10. 4 + 9 = _____
11. 0 + 9 = _____
12. 4 + 9 = _____
13. 4 + 9 = _____
14. 6 + 9 = _____
15. 2 + 9 = _____
16. 8 + 9 = _____
17. 9 + 9 = _____
18. 7 + 9 = _____
19. 6 + 9 = _____
20. 8 + 9 = _____
21. 9 + 9 = _____
22. 7 + 9 = _____
23. 3 + 9 = _____
24. 8 + 9 = _____
25. 3 + 9 = _____
26. 1 + 9 = _____
27. 2 + 9 = _____
28. 1 + 9 = _____
29. 2 + 9 = _____
30. 1 + 9 = _____
31. 0 + 9 = _____
32. 9 + 9 = _____
33. 0 + 9 = _____
34. 8 + 9 = _____
35. 1 + 9 = _____
36. 0 + 9 = _____
37. 3 + 9 = _____
38. 0 + 9 = _____
39. 10 + 9 = _____
40. 3 + 9 = _____
41. 6 + 9 = _____
42. 10 + 9 = _____
43. 10 + 9 = _____
44. 7 + 9 = _____
45. 4 + 9 = _____

Name: _____ Score: _____ Time: _____ Date: _____

Exercise 26

1. 7 + 9 = _____
2. 6 + 9 = _____
3. 1 + 9 = _____
4. 8 + 9 = _____
5. 9 + 9 = _____
6. 5 + 9 = _____
7. 3 + 9 = _____
8. 10 + 9 = _____
9. 4 + 9 = _____
10. 2 + 9 = _____
11. 0 + 9 = _____
12. 1 + 9 = _____
13. 4 + 9 = _____
14. 10 + 9 = _____
15. 5 + 9 = _____
16. 9 + 9 = _____
17. 5 + 9 = _____
18. 0 + 9 = _____
19. 10 + 9 = _____
20. 2 + 9 = _____
21. 0 + 9 = _____
22. 7 + 9 = _____
23. 1 + 9 = _____
24. 8 + 9 = _____
25. 10 + 9 = _____
26. 6 + 9 = _____
27. 0 + 9 = _____
28. 9 + 9 = _____
29. 9 + 9 = _____
30. 0 + 9 = _____
31. 8 + 9 = _____
32. 5 + 9 = _____
33. 1 + 9 = _____
34. 10 + 9 = _____
35. 4 + 9 = _____
36. 7 + 9 = _____
37. 10 + 9 = _____
38. 9 + 9 = _____
39. 4 + 9 = _____
40. 9 + 9 = _____
41. 5 + 9 = _____
42. 2 + 9 = _____
43. 1 + 9 = _____
44. 5 + 9 = _____
45. 10 + 9 = _____

Name: _____ Score: _____ Time: _____ Date: _____

Exercise 27

1. 5 + 9 = _____
2. 6 + 9 = _____
3. 0 + 9 = _____
4. 3 + 9 = _____
5. 2 + 9 = _____
6. 9 + 9 = _____
7. 1 + 9 = _____
8. 4 + 9 = _____
9. 8 + 9 = _____
10. 10 + 9 = _____
11. 7 + 9 = _____
12. 5 + 9 = _____
13. 9 + 9 = _____
14. 6 + 9 = _____
15. 2 + 9 = _____
16. 8 + 9 = _____
17. 6 + 9 = _____
18. 0 + 9 = _____
19. 4 + 9 = _____
20. 2 + 9 = _____
21. 8 + 9 = _____
22. 2 + 9 = _____
23. 2 + 9 = _____
24. 9 + 9 = _____
25. 0 + 9 = _____
26. 6 + 9 = _____
27. 7 + 9 = _____
28. 10 + 9 = _____
29. 10 + 9 = _____
30. 0 + 9 = _____
31. 10 + 9 = _____
32. 0 + 9 = _____
33. 4 + 9 = _____
34. 3 + 9 = _____
35. 2 + 9 = _____
36. 2 + 9 = _____
37. 6 + 9 = _____
38. 6 + 9 = _____
39. 9 + 9 = _____
40. 5 + 9 = _____
41. 2 + 9 = _____
42. 9 + 9 = _____
43. 4 + 9 = _____
44. 10 + 9 = _____
45. 0 + 9 = _____

Name: _____ Score: _____ Time: _____ Date: _____

Exercise 28

1. 3 + 10 = _____
2. 9 + 10 = _____
3. 2 + 10 = _____
4. 5 + 10 = _____
5. 4 + 10 = _____
6. 6 + 10 = _____
7. 8 + 10 = _____
8. 7 + 10 = _____
9. 1 + 10 = _____
10. 0 + 10 = _____
11. 10 + 10 = _____
12. 10 + 10 = _____
13. 9 + 10 = _____
14. 4 + 10 = _____
15. 2 + 10 = _____
16. 5 + 10 = _____
17. 0 + 10 = _____
18. 7 + 10 = _____
19. 5 + 10 = _____
20. 7 + 10 = _____
21. 8 + 10 = _____
22. 9 + 10 = _____
23. 9 + 10 = _____
24. 1 + 10 = _____
25. 1 + 10 = _____
26. 1 + 10 = _____
27. 5 + 10 = _____
28. 0 + 10 = _____
29. 4 + 10 = _____
30. 2 + 10 = _____
31. 2 + 10 = _____
32. 10 + 10 = _____
33. 6 + 10 = _____
34. 9 + 10 = _____
35. 3 + 10 = _____
36. 7 + 10 = _____
37. 4 + 10 = _____
38. 0 + 10 = _____
39. 3 + 10 = _____
40. 6 + 10 = _____
41. 7 + 10 = _____
42. 6 + 10 = _____
43. 8 + 10 = _____
44. 9 + 10 = _____
45. 1 + 10 = _____

Name: _____ Score: _____ Time: _____ Date: _____

Exercise 29

1. 9 + 10 = _____
2. 8 + 10 = _____
3. 6 + 10 = _____
4. 0 + 10 = _____
5. 3 + 10 = _____
6. 10 + 10 = _____
7. 4 + 10 = _____
8. 7 + 10 = _____
9. 2 + 10 = _____
10. 1 + 10 = _____
11. 5 + 10 = _____
12. 2 + 10 = _____
13. 5 + 10 = _____
14. 8 + 10 = _____
15. 6 + 10 = _____
16. 10 + 10 = _____
17. 6 + 10 = _____
18. 0 + 10 = _____
19. 5 + 10 = _____
20. 0 + 10 = _____
21. 8 + 10 = _____
22. 0 + 10 = _____
23. 8 + 10 = _____
24. 6 + 10 = _____
25. 2 + 10 = _____
26. 6 + 10 = _____
27. 4 + 10 = _____
28. 10 + 10 = _____
29. 10 + 10 = _____
30. 0 + 10 = _____
31. 6 + 10 = _____
32. 6 + 10 = _____
33. 8 + 10 = _____
34. 2 + 10 = _____
35. 2 + 10 = _____
36. 9 + 10 = _____
37. 3 + 10 = _____
38. 4 + 10 = _____
39. 9 + 10 = _____
40. 1 + 10 = _____
41. 1 + 10 = _____
42. 0 + 10 = _____
43. 6 + 10 = _____
44. 1 + 10 = _____
45. 4 + 10 = _____

Exercise 29

Name: _____ Score: _____ Time: _____ Date: _____

Exercise 30

1. 6 + 10 = _____
2. 7 + 10 = _____
3. 3 + 10 = _____
4. 8 + 10 = _____
5. 0 + 10 = _____
6. 1 + 10 = _____
7. 5 + 10 = _____
8. 4 + 10 = _____
9. 2 + 10 = _____
10. 9 + 10 = _____
11. 10 + 10 = _____
12. 9 + 10 = _____
13. 9 + 10 = _____
14. 10 + 10 = _____
15. 2 + 10 = _____
16. 1 + 10 = _____
17. 8 + 10 = _____
18. 8 + 10 = _____
19. 7 + 10 = _____
20. 1 + 10 = _____
21. 3 + 10 = _____
22. 8 + 10 = _____
23. 10 + 10 = _____
24. 0 + 10 = _____
25. 0 + 10 = _____
26. 5 + 10 = _____
27. 7 + 10 = _____
28. 3 + 10 = _____
29. 5 + 10 = _____
30. 10 + 10 = _____
31. 5 + 10 = _____
32. 10 + 10 = _____
33. 8 + 10 = _____
34. 5 + 10 = _____
35. 6 + 10 = _____
36. 6 + 10 = _____
37. 10 + 10 = _____
38. 7 + 10 = _____
39. 0 + 10 = _____
40. 10 + 10 = _____
41. 0 + 10 = _____
42. 9 + 10 = _____
43. 5 + 10 = _____
44. 1 + 10 = _____
45. 7 + 10 = _____

Name: _____ Score: _____ Time: _____ Date: _____

Exercise 31

1. 4 + 7 = _____
2. 5 + 10 = _____
3. 10 + 1 = _____
4. 9 + 6 = _____
5. 9 + 5 = _____
6. 5 + 7 = _____
7. 7 + 4 = _____
8. 4 + 10 = _____
9. 0 + 7 = _____
10. 5 + 9 = _____
11. 8 + 7 = _____
12. 2 + 9 = _____
13. 6 + 10 = _____
14. 2 + 5 = _____
15. 9 + 2 = _____
16. 8 + 2 = _____
17. 1 + 3 = _____
18. 9 + 9 = _____
19. 5 + 1 = _____
20. 10 + 3 = _____
21. 2 + 1 = _____
22. 3 + 9 = _____
23. 4 + 8 = _____
24. 8 + 1 = _____
25. 0 + 6 = _____
26. 0 + 10 = _____
27. 0 + 9 = _____
28. 5 + 0 = _____
29. 10 + 9 = _____
30. 2 + 4 = _____
31. 9 + 8 = _____
32. 4 + 9 = _____
33. 3 + 2 = _____
34. 2 + 8 = _____
35. 3 + 6 = _____
36. 3 + 4 = _____
37. 9 + 3 = _____
38. 2 + 7 = _____
39. 6 + 4 = _____
40. 10 + 8 = _____
41. 7 + 0 = _____
42. 2 + 2 = _____
43. 10 + 5 = _____
44. 4 + 1 = _____
45. 7 + 9 = _____

Name: _____ Score: _____ Time: _____ Date: _____

Exercise 32

1. 2 + 10 = _____
2. 2 + 7 = _____
3. 8 + 3 = _____
4. 1 + 10 = _____
5. 0 + 0 = _____
6. 8 + 9 = _____
7. 1 + 6 = _____
8. 1 + 9 = _____
9. 1 + 5 = _____
10. 7 + 3 = _____
11. 5 + 10 = _____
12. 8 + 8 = _____
13. 6 + 2 = _____
14. 0 + 8 = _____
15. 0 + 1 = _____
16. 3 + 7 = _____
17. 8 + 2 = _____
18. 4 + 10 = _____
19. 2 + 0 = _____
20. 10 + 3 = _____
21. 2 + 9 = _____
22. 6 + 0 = _____
23. 6 + 7 = _____
24. 6 + 10 = _____
25. 7 + 2 = _____
26. 0 + 2 = _____
27. 1 + 3 = _____
28. 3 + 8 = _____
29. 4 + 5 = _____
30. 2 + 3 = _____
31. 9 + 7 = _____
32. 4 + 3 = _____
33. 10 + 10 = _____
34. 9 + 6 = _____
35. 6 + 1 = _____
36. 4 + 7 = _____
37. 0 + 3 = _____
38. 8 + 4 = _____
39. 0 + 7 = _____
40. 5 + 8 = _____
41. 9 + 1 = _____
42. 0 + 6 = _____
43. 10 + 9 = _____
44. 5 + 5 = _____
45. 5 + 9 = _____

Name: _____ Score: _____ Time: _____ Date: _____

Exercise 33

1. 0 + 2 = _____
2. 9 + 10 = _____
3. 3 + 3 = _____
4. 3 + 5 = _____
5. 3 + 9 = _____
6. 9 + 0 = _____
7. 7 + 9 = _____
8. 7 + 8 = _____
9. 8 + 0 = _____
10. 2 + 10 = _____
11. 8 + 6 = _____
12. 1 + 3 = _____
13. 7 + 1 = _____
14. 6 + 2 = _____
15. 10 + 4 = _____
16. 2 + 2 = _____
17. 3 + 8 = _____
18. 1 + 2 = _____
19. 7 + 0 = _____
20. 4 + 9 = _____
21. 6 + 9 = _____
22. 0 + 1 = _____
23. 5 + 7 = _____
24. 6 + 0 = _____
25. 7 + 2 = _____
26. 7 + 10 = _____
27. 3 + 4 = _____
28. 6 + 7 = _____
29. 2 + 1 = _____
30. 2 + 7 = _____
31. 6 + 4 = _____
32. 0 + 9 = _____
33. 6 + 8 = _____
34. 7 + 3 = _____
35. 1 + 6 = _____
36. 2 + 5 = _____
37. 0 + 5 = _____
38. 4 + 7 = _____
39. 10 + 5 = _____
40. 2 + 3 = _____
41. 4 + 0 = _____
42. 1 + 9 = _____
43. 9 + 9 = _____
44. 5 + 3 = _____
45. 5 + 1 = _____

Name: _____ Score: _____ Time: _____ Date: _____

Exercise 34

1. 9 + 2 = _____
2. 4 + 0 = _____
3. 3 + 9 = _____
4. 10 + 5 = _____
5. 4 + 9 = _____
6. 7 + 0 = _____
7. 2 + 7 = _____
8. 5 + 7 = _____
9. 9 + 1 = _____
10. 4 + 6 = _____
11. 3 + 3 = _____
12. 10 + 8 = _____
13. 4 + 5 = _____
14. 2 + 9 = _____
15. 6 + 10 = _____
16. 5 + 8 = _____
17. 10 + 0 = _____
18. 8 + 3 = _____
19. 0 + 8 = _____
20. 6 + 1 = _____
21. 10 + 3 = _____
22. 8 + 1 = _____
23. 8 + 8 = _____
24. 7 + 5 = _____
25. 2 + 0 = _____
26. 1 + 2 = _____
27. 8 + 0 = _____
28. 10 + 4 = _____
29. 10 + 7 = _____
30. 3 + 10 = _____
31. 9 + 5 = _____
32. 6 + 5 = _____
33. 5 + 3 = _____
34. 3 + 0 = _____
35. 6 + 8 = _____
36. 0 + 2 = _____
37. 6 + 3 = _____
38. 2 + 4 = _____
39. 0 + 6 = _____
40. 8 + 5 = _____
41. 6 + 6 = _____
42. 4 + 1 = _____
43. 8 + 7 = _____
44. 3 + 6 = _____
45. 7 + 8 = _____

Name: _____ Score: _____ Time: _____ Date: _____

Exercise 35

1. 6 + 4 = _____
2. 4 + 8 = _____
3. 0 + 4 = _____

4. 3 + 1 = _____
5. 0 + 1 = _____
6. 3 + 7 = _____

7. 6 + 0 = _____
8. 2 + 4 = _____
9. 0 + 5 = _____

10. 0 + 10 = _____
11. 7 + 0 = _____
12. 2 + 1 = _____

13. 0 + 7 = _____
14. 6 + 9 = _____
15. 5 + 6 = _____

16. 10 + 9 = _____
17. 6 + 2 = _____
18. 0 + 8 = _____

19. 0 + 2 = _____
20. 9 + 5 = _____
21. 5 + 7 = _____

22. 6 + 1 = _____
23. 7 + 4 = _____
24. 5 + 3 = _____

25. 6 + 6 = _____
26. 1 + 3 = _____
27. 9 + 9 = _____

28. 9 + 6 = _____
29. 2 + 2 = _____
30. 4 + 9 = _____

31. 7 + 6 = _____
32. 8 + 6 = _____
33. 8 + 8 = _____

34. 10 + 4 = _____
35. 8 + 0 = _____
36. 10 + 8 = _____

37. 3 + 3 = _____
38. 6 + 3 = _____
39. 1 + 7 = _____

40. 9 + 2 = _____
41. 10 + 7 = _____
42. 8 + 7 = _____

43. 5 + 1 = _____
44. 10 + 5 = _____
45. 9 + 8 = _____

Exercise 35

Name: _____ Score: _____ Time: _____ Date: _____

Exercise 36

1. 1 + 5 = _____
2. 0 + 4 = _____
3. 6 + 4 = _____
4. 9 + 3 = _____
5. 5 + 10 = _____
6. 4 + 10 = _____
7. 2 + 2 = _____
8. 0 + 7 = _____
9. 8 + 5 = _____
10. 10 + 1 = _____
11. 0 + 5 = _____
12. 6 + 5 = _____
13. 10 + 9 = _____
14. 10 + 8 = _____
15. 7 + 3 = _____
16. 2 + 3 = _____
17. 8 + 8 = _____
18. 0 + 0 = _____
19. 5 + 1 = _____
20. 3 + 5 = _____
21. 2 + 5 = _____
22. 1 + 0 = _____
23. 4 + 1 = _____
24. 1 + 1 = _____
25. 1 + 2 = _____
26. 4 + 7 = _____
27. 4 + 4 = _____
28. 9 + 0 = _____
29. 9 + 9 = _____
30. 2 + 7 = _____
31. 1 + 9 = _____
32. 1 + 8 = _____
33. 6 + 6 = _____
34. 0 + 2 = _____
35. 2 + 10 = _____
36. 10 + 4 = _____
37. 5 + 2 = _____
38. 9 + 2 = _____
39. 7 + 2 = _____
40. 3 + 3 = _____
41. 3 + 6 = _____
42. 8 + 6 = _____
43. 7 + 8 = _____
44. 5 + 7 = _____
45. 10 + 6 = _____

Name: _____ Score: _____ Time: _____ Date: _____

Exercise 37

1. 5 + 4 = _____
2. 6 + 10 = _____
3. 2 + 7 = _____
4. 3 + 10 = _____
5. 3 + 0 = _____
6. 0 + 1 = _____
7. 8 + 4 = _____
8. 5 + 10 = _____
9. 2 + 5 = _____
10. 0 + 7 = _____
11. 0 + 10 = _____
12. 3 + 1 = _____
13. 7 + 0 = _____
14. 0 + 0 = _____
15. 2 + 10 = _____
16. 7 + 5 = _____
17. 10 + 9 = _____
18. 3 + 8 = _____
19. 4 + 5 = _____
20. 7 + 4 = _____
21. 9 + 3 = _____
22. 4 + 2 = _____
23. 4 + 6 = _____
24. 4 + 9 = _____
25. 2 + 2 = _____
26. 6 + 9 = _____
27. 5 + 7 = _____
28. 0 + 5 = _____
29. 1 + 2 = _____
30. 5 + 5 = _____
31. 6 + 0 = _____
32. 10 + 0 = _____
33. 3 + 7 = _____
34. 1 + 9 = _____
35. 1 + 10 = _____
36. 9 + 4 = _____
37. 7 + 3 = _____
38. 4 + 7 = _____
39. 7 + 1 = _____
40. 3 + 2 = _____
41. 2 + 1 = _____
42. 3 + 3 = _____
43. 1 + 7 = _____
44. 10 + 7 = _____
45. 6 + 3 = _____

Name: _____ Score: _____ Time: _____ Date: _____

Exercise 38

1. 1 + 3 = _____
2. 4 + 1 = _____
3. 7 + 9 = _____

4. 9 + 8 = _____
5. 3 + 4 = _____
6. 4 + 4 = _____

7. 4 + 6 = _____
8. 10 + 8 = _____
9. 2 + 2 = _____

10. 9 + 2 = _____
11. 3 + 8 = _____
12. 0 + 4 = _____

13. 6 + 0 = _____
14. 2 + 6 = _____
15. 1 + 2 = _____

16. 7 + 8 = _____
17. 9 + 6 = _____
18. 2 + 7 = _____

19. 2 + 0 = _____
20. 6 + 5 = _____
21. 10 + 1 = _____

22. 0 + 10 = _____
23. 4 + 2 = _____
24. 6 + 1 = _____

25. 9 + 4 = _____
26. 0 + 6 = _____
27. 1 + 7 = _____

28. 2 + 10 = _____
29. 2 + 1 = _____
30. 8 + 6 = _____

31. 8 + 7 = _____
32. 0 + 3 = _____
33. 7 + 7 = _____

34. 7 + 5 = _____
35. 5 + 2 = _____
36. 3 + 1 = _____

37. 3 + 2 = _____
38. 7 + 10 = _____
39. 10 + 3 = _____

40. 8 + 10 = _____
41. 0 + 9 = _____
42. 8 + 4 = _____

43. 2 + 5 = _____
44. 2 + 8 = _____
45. 3 + 9 = _____

Name: _____ Score: _____ Time: _____ Date: _____

Exercise 39

1. 3 + 10 = _____
2. 6 + 3 = _____
3. 3 + 0 = _____
4. 4 + 6 = _____
5. 10 + 4 = _____
6. 5 + 4 = _____
7. 4 + 9 = _____
8. 6 + 6 = _____
9. 9 + 3 = _____
10. 9 + 0 = _____
11. 7 + 10 = _____
12. 8 + 1 = _____
13. 10 + 1 = _____
14. 10 + 2 = _____
15. 5 + 5 = _____
16. 7 + 6 = _____
17. 10 + 7 = _____
18. 0 + 8 = _____
19. 4 + 3 = _____
20. 2 + 7 = _____
21. 8 + 8 = _____
22. 6 + 0 = _____
23. 5 + 3 = _____
24. 9 + 6 = _____
25. 8 + 6 = _____
26. 5 + 0 = _____
27. 0 + 6 = _____
28. 0 + 0 = _____
29. 3 + 4 = _____
30. 7 + 7 = _____
31. 10 + 8 = _____
32. 3 + 2 = _____
33. 7 + 9 = _____
34. 3 + 3 = _____
35. 4 + 1 = _____
36. 8 + 9 = _____
37. 2 + 10 = _____
38. 9 + 10 = _____
39. 1 + 5 = _____
40. 1 + 0 = _____
41. 4 + 5 = _____
42. 6 + 7 = _____
43. 6 + 8 = _____
44. 1 + 6 = _____
45. 4 + 4 = _____

Name: _____ Score: _____ Time: _____ Date: _____

Exercise 40

1. 4 + 0 = _____
2. 6 + 4 = _____
3. 4 + 2 = _____
4. 10 + 0 = _____
5. 2 + 3 = _____
6. 3 + 8 = _____
7. 10 + 7 = _____
8. 7 + 8 = _____
9. 2 + 5 = _____
10. 4 + 7 = _____
11. 9 + 4 = _____
12. 0 + 8 = _____
13. 4 + 8 = _____
14. 10 + 4 = _____
15. 0 + 10 = _____
16. 7 + 3 = _____
17. 1 + 7 = _____
18. 6 + 8 = _____
19. 10 + 10 = _____
20. 7 + 4 = _____
21. 7 + 0 = _____
22. 6 + 2 = _____
23. 4 + 6 = _____
24. 10 + 6 = _____
25. 5 + 4 = _____
26. 1 + 0 = _____
27. 2 + 4 = _____
28. 6 + 6 = _____
29. 0 + 1 = _____
30. 5 + 2 = _____
31. 10 + 8 = _____
32. 9 + 3 = _____
33. 0 + 6 = _____
34. 1 + 3 = _____
35. 8 + 6 = _____
36. 2 + 10 = _____
37. 7 + 10 = _____
38. 9 + 10 = _____
39. 3 + 4 = _____
40. 5 + 7 = _____
41. 6 + 7 = _____
42. 4 + 4 = _____
43. 8 + 1 = _____
44. 9 + 7 = _____
45. 7 + 6 = _____

Name: _____ Score: _____ Time: _____ Date: _____

Exercise 41

1. 14 + 11 = _____
2. 9 + 11 = _____
3. 15 + 11 = _____
4. 2 + 11 = _____
5. 13 + 11 = _____
6. 5 + 11 = _____
7. 1 + 11 = _____
8. 0 + 11 = _____
9. 12 + 11 = _____
10. 8 + 11 = _____
11. 11 + 11 = _____
12. 4 + 11 = _____
13. 7 + 11 = _____
14. 19 + 11 = _____
15. 16 + 11 = _____
16. 6 + 11 = _____
17. 17 + 11 = _____
18. 20 + 11 = _____
19. 3 + 11 = _____
20. 18 + 11 = _____
21. 10 + 11 = _____
22. 5 + 11 = _____
23. 3 + 11 = _____
24. 14 + 11 = _____
25. 17 + 11 = _____
26. 2 + 11 = _____
27. 10 + 11 = _____
28. 6 + 11 = _____
29. 14 + 11 = _____
30. 7 + 11 = _____
31. 17 + 11 = _____
32. 20 + 11 = _____
33. 18 + 11 = _____
34. 12 + 11 = _____
35. 17 + 11 = _____
36. 11 + 11 = _____
37. 11 + 11 = _____
38. 6 + 11 = _____
39. 10 + 11 = _____
40. 1 + 11 = _____
41. 18 + 11 = _____
42. 9 + 11 = _____
43. 8 + 11 = _____
44. 19 + 11 = _____
45. 2 + 11 = _____

Name: _____ Score: _____ Time: _____ Date: _____

Exercise 42

1. 15 + 11 = _____
2. 20 + 11 = _____
3. 18 + 11 = _____
4. 10 + 11 = _____
5. 2 + 11 = _____
6. 14 + 11 = _____
7. 12 + 11 = _____
8. 8 + 11 = _____
9. 17 + 11 = _____
10. 9 + 11 = _____
11. 19 + 11 = _____
12. 16 + 11 = _____
13. 6 + 11 = _____
14. 0 + 11 = _____
15. 1 + 11 = _____
16. 7 + 11 = _____
17. 4 + 11 = _____
18. 11 + 11 = _____
19. 13 + 11 = _____
20. 5 + 11 = _____
21. 3 + 11 = _____
22. 1 + 11 = _____
23. 13 + 11 = _____
24. 10 + 11 = _____
25. 14 + 11 = _____
26. 13 + 11 = _____
27. 18 + 11 = _____
28. 6 + 11 = _____
29. 0 + 11 = _____
30. 15 + 11 = _____
31. 2 + 11 = _____
32. 9 + 11 = _____
33. 20 + 11 = _____
34. 16 + 11 = _____
35. 3 + 11 = _____
36. 10 + 11 = _____
37. 3 + 11 = _____
38. 19 + 11 = _____
39. 3 + 11 = _____
40. 17 + 11 = _____
41. 5 + 11 = _____
42. 8 + 11 = _____
43. 1 + 11 = _____
44. 17 + 11 = _____
45. 8 + 11 = _____

Name: _____ Score: _____ Time: _____ Date: _____

Exercise 43

1. $13 + 11 =$ _____
2. $10 + 11 =$ _____
3. $0 + 11 =$ _____
4. $14 + 11 =$ _____
5. $12 + 11 =$ _____
6. $16 + 11 =$ _____
7. $1 + 11 =$ _____
8. $18 + 11 =$ _____
9. $8 + 11 =$ _____
10. $5 + 11 =$ _____
11. $3 + 11 =$ _____
12. $7 + 11 =$ _____
13. $11 + 11 =$ _____
14. $6 + 11 =$ _____
15. $2 + 11 =$ _____
16. $20 + 11 =$ _____
17. $19 + 11 =$ _____
18. $17 + 11 =$ _____
19. $4 + 11 =$ _____
20. $9 + 11 =$ _____
21. $15 + 11 =$ _____
22. $4 + 11 =$ _____
23. $6 + 11 =$ _____
24. $0 + 11 =$ _____
25. $15 + 11 =$ _____
26. $10 + 11 =$ _____
27. $20 + 11 =$ _____
28. $8 + 11 =$ _____
29. $6 + 11 =$ _____
30. $6 + 11 =$ _____
31. $2 + 11 =$ _____
32. $17 + 11 =$ _____
33. $15 + 11 =$ _____
34. $7 + 11 =$ _____
35. $7 + 11 =$ _____
36. $19 + 11 =$ _____
37. $18 + 11 =$ _____
38. $12 + 11 =$ _____
39. $17 + 11 =$ _____
40. $9 + 11 =$ _____
41. $8 + 11 =$ _____
42. $4 + 11 =$ _____
43. $5 + 11 =$ _____
44. $1 + 11 =$ _____
45. $1 + 11 =$ _____

Exercise 43

Name: _____ Score: _____ Time: _____ Date: _____

Exercise 44

1. 9 + 12 = _____
2. 18 + 12 = _____
3. 20 + 12 = _____
4. 12 + 12 = _____
5. 8 + 12 = _____
6. 11 + 12 = _____
7. 2 + 12 = _____
8. 13 + 12 = _____
9. 4 + 12 = _____
10. 1 + 12 = _____
11. 5 + 12 = _____
12. 19 + 12 = _____
13. 15 + 12 = _____
14. 10 + 12 = _____
15. 3 + 12 = _____
16. 17 + 12 = _____
17. 14 + 12 = _____
18. 7 + 12 = _____
19. 16 + 12 = _____
20. 0 + 12 = _____
21. 6 + 12 = _____
22. 6 + 12 = _____
23. 11 + 12 = _____
24. 0 + 12 = _____
25. 5 + 12 = _____
26. 3 + 12 = _____
27. 2 + 12 = _____
28. 16 + 12 = _____
29. 1 + 12 = _____
30. 20 + 12 = _____
31. 5 + 12 = _____
32. 20 + 12 = _____
33. 2 + 12 = _____
34. 0 + 12 = _____
35. 0 + 12 = _____
36. 8 + 12 = _____
37. 1 + 12 = _____
38. 14 + 12 = _____
39. 11 + 12 = _____
40. 7 + 12 = _____
41. 6 + 12 = _____
42. 19 + 12 = _____
43. 17 + 12 = _____
44. 17 + 12 = _____
45. 7 + 12 = _____

Name: _____ Score: _____ Time: _____ Date: _____

Exercise 45

1. 12 + 12 = _____
2. 5 + 12 = _____
3. 6 + 12 = _____
4. 7 + 12 = _____
5. 0 + 12 = _____
6. 17 + 12 = _____
7. 11 + 12 = _____
8. 19 + 12 = _____
9. 16 + 12 = _____
10. 15 + 12 = _____
11. 18 + 12 = _____
12. 9 + 12 = _____
13. 4 + 12 = _____
14. 3 + 12 = _____
15. 1 + 12 = _____
16. 8 + 12 = _____
17. 13 + 12 = _____
18. 20 + 12 = _____
19. 2 + 12 = _____
20. 14 + 12 = _____
21. 10 + 12 = _____
22. 3 + 12 = _____
23. 18 + 12 = _____
24. 14 + 12 = _____
25. 19 + 12 = _____
26. 7 + 12 = _____
27. 5 + 12 = _____
28. 2 + 12 = _____
29. 11 + 12 = _____
30. 5 + 12 = _____
31. 19 + 12 = _____
32. 12 + 12 = _____
33. 9 + 12 = _____
34. 19 + 12 = _____
35. 15 + 12 = _____
36. 15 + 12 = _____
37. 2 + 12 = _____
38. 18 + 12 = _____
39. 19 + 12 = _____
40. 2 + 12 = _____
41. 8 + 12 = _____
42. 4 + 12 = _____
43. 12 + 12 = _____
44. 4 + 12 = _____
45. 0 + 12 = _____

Name: _____ Score: _____ Time: _____ Date: _____

Exercise 46

1. 16 + 12 = _____
2. 4 + 12 = _____
3. 10 + 12 = _____
4. 19 + 12 = _____
5. 13 + 12 = _____
6. 0 + 12 = _____
7. 1 + 12 = _____
8. 15 + 12 = _____
9. 6 + 12 = _____
10. 2 + 12 = _____
11. 11 + 12 = _____
12. 7 + 12 = _____
13. 20 + 12 = _____
14. 8 + 12 = _____
15. 5 + 12 = _____
16. 9 + 12 = _____
17. 14 + 12 = _____
18. 18 + 12 = _____
19. 3 + 12 = _____
20. 17 + 12 = _____
21. 12 + 12 = _____
22. 11 + 12 = _____
23. 6 + 12 = _____
24. 4 + 12 = _____
25. 14 + 12 = _____
26. 18 + 12 = _____
27. 15 + 12 = _____
28. 13 + 12 = _____
29. 19 + 12 = _____
30. 12 + 12 = _____
31. 4 + 12 = _____
32. 17 + 12 = _____
33. 10 + 12 = _____
34. 9 + 12 = _____
35. 4 + 12 = _____
36. 4 + 12 = _____
37. 2 + 12 = _____
38. 15 + 12 = _____
39. 7 + 12 = _____
40. 17 + 12 = _____
41. 19 + 12 = _____
42. 16 + 12 = _____
43. 3 + 12 = _____
44. 16 + 12 = _____
45. 15 + 12 = _____

Name: _____ Score: _____ Time: _____ Date: _____

Exercise 47

1. 6 + 13 = _____
2. 0 + 13 = _____
3. 13 + 13 = _____
4. 11 + 13 = _____
5. 12 + 13 = _____
6. 8 + 13 = _____
7. 4 + 13 = _____
8. 3 + 13 = _____
9. 10 + 13 = _____
10. 16 + 13 = _____
11. 5 + 13 = _____
12. 15 + 13 = _____
13. 20 + 13 = _____
14. 7 + 13 = _____
15. 2 + 13 = _____
16. 19 + 13 = _____
17. 18 + 13 = _____
18. 14 + 13 = _____
19. 1 + 13 = _____
20. 17 + 13 = _____
21. 9 + 13 = _____
22. 20 + 13 = _____
23. 1 + 13 = _____
24. 3 + 13 = _____
25. 14 + 13 = _____
26. 14 + 13 = _____
27. 8 + 13 = _____
28. 5 + 13 = _____
29. 15 + 13 = _____
30. 14 + 13 = _____
31. 20 + 13 = _____
32. 12 + 13 = _____
33. 17 + 13 = _____
34. 19 + 13 = _____
35. 8 + 13 = _____
36. 6 + 13 = _____
37. 2 + 13 = _____
38. 14 + 13 = _____
39. 16 + 13 = _____
40. 5 + 13 = _____
41. 11 + 13 = _____
42. 20 + 13 = _____
43. 16 + 13 = _____
44. 3 + 13 = _____
45. 5 + 13 = _____

Name: _____ Score: _____ Time: _____ Date: _____

Exercise 48

1. 17 + 13 = _____
2. 6 + 13 = _____
3. 4 + 13 = _____
4. 7 + 13 = _____
5. 12 + 13 = _____
6. 19 + 13 = _____
7. 3 + 13 = _____
8. 10 + 13 = _____
9. 5 + 13 = _____
10. 1 + 13 = _____
11. 13 + 13 = _____
12. 18 + 13 = _____
13. 0 + 13 = _____
14. 11 + 13 = _____
15. 15 + 13 = _____
16. 2 + 13 = _____
17. 20 + 13 = _____
18. 8 + 13 = _____
19. 16 + 13 = _____
20. 9 + 13 = _____
21. 14 + 13 = _____
22. 3 + 13 = _____
23. 3 + 13 = _____
24. 9 + 13 = _____
25. 0 + 13 = _____
26. 6 + 13 = _____
27. 0 + 13 = _____
28. 12 + 13 = _____
29. 17 + 13 = _____
30. 12 + 13 = _____
31. 5 + 13 = _____
32. 4 + 13 = _____
33. 3 + 13 = _____
34. 1 + 13 = _____
35. 4 + 13 = _____
36. 18 + 13 = _____
37. 11 + 13 = _____
38. 15 + 13 = _____
39. 18 + 13 = _____
40. 15 + 13 = _____
41. 9 + 13 = _____
42. 18 + 13 = _____
43. 3 + 13 = _____
44. 15 + 13 = _____
45. 18 + 13 = _____

Name: _____ Score: _____ Time: _____ Date: _____

Exercise 49

1. 17 + 13 = _____
2. 20 + 13 = _____
3. 10 + 13 = _____
4. 3 + 13 = _____
5. 16 + 13 = _____
6. 1 + 13 = _____
7. 0 + 13 = _____
8. 13 + 13 = _____
9. 2 + 13 = _____
10. 19 + 13 = _____
11. 6 + 13 = _____
12. 18 + 13 = _____
13. 15 + 13 = _____
14. 4 + 13 = _____
15. 7 + 13 = _____
16. 14 + 13 = _____
17. 12 + 13 = _____
18. 5 + 13 = _____
19. 9 + 13 = _____
20. 11 + 13 = _____
21. 8 + 13 = _____
22. 14 + 13 = _____
23. 17 + 13 = _____
24. 11 + 13 = _____
25. 16 + 13 = _____
26. 17 + 13 = _____
27. 0 + 13 = _____
28. 7 + 13 = _____
29. 10 + 13 = _____
30. 11 + 13 = _____
31. 16 + 13 = _____
32. 3 + 13 = _____
33. 0 + 13 = _____
34. 6 + 13 = _____
35. 1 + 13 = _____
36. 5 + 13 = _____
37. 12 + 13 = _____
38. 18 + 13 = _____
39. 15 + 13 = _____
40. 6 + 13 = _____
41. 16 + 13 = _____
42. 17 + 13 = _____
43. 1 + 13 = _____
44. 8 + 13 = _____
45. 9 + 13 = _____

Exercise 49

Name: _____ Score: _____ Time: _____ Date: _____

Exercise 50

1. 10 + 14 = _____
2. 19 + 14 = _____
3. 5 + 14 = _____
4. 9 + 14 = _____
5. 17 + 14 = _____
6. 20 + 14 = _____
7. 1 + 14 = _____
8. 12 + 14 = _____
9. 0 + 14 = _____
10. 6 + 14 = _____
11. 2 + 14 = _____
12. 18 + 14 = _____
13. 13 + 14 = _____
14. 11 + 14 = _____
15. 7 + 14 = _____
16. 8 + 14 = _____
17. 16 + 14 = _____
18. 3 + 14 = _____
19. 14 + 14 = _____
20. 15 + 14 = _____
21. 4 + 14 = _____
22. 0 + 14 = _____
23. 17 + 14 = _____
24. 7 + 14 = _____
25. 11 + 14 = _____
26. 2 + 14 = _____
27. 17 + 14 = _____
28. 14 + 14 = _____
29. 3 + 14 = _____
30. 18 + 14 = _____
31. 12 + 14 = _____
32. 14 + 14 = _____
33. 9 + 14 = _____
34. 3 + 14 = _____
35. 8 + 14 = _____
36. 4 + 14 = _____
37. 5 + 14 = _____
38. 20 + 14 = _____
39. 4 + 14 = _____
40. 10 + 14 = _____
41. 6 + 14 = _____
42. 18 + 14 = _____
43. 20 + 14 = _____
44. 19 + 14 = _____
45. 11 + 14 = _____

Name: _____ Score: _____ Time: _____ Date: _____

Exercise 51

1. 20 + 14 = _____
2. 3 + 14 = _____
3. 16 + 14 = _____
4. 19 + 14 = _____
5. 13 + 14 = _____
6. 8 + 14 = _____
7. 15 + 14 = _____
8. 11 + 14 = _____
9. 12 + 14 = _____
10. 2 + 14 = _____
11. 5 + 14 = _____
12. 14 + 14 = _____
13. 6 + 14 = _____
14. 17 + 14 = _____
15. 4 + 14 = _____
16. 10 + 14 = _____
17. 9 + 14 = _____
18. 7 + 14 = _____
19. 0 + 14 = _____
20. 1 + 14 = _____
21. 18 + 14 = _____
22. 8 + 14 = _____
23. 20 + 14 = _____
24. 4 + 14 = _____
25. 18 + 14 = _____
26. 0 + 14 = _____
27. 6 + 14 = _____
28. 18 + 14 = _____
29. 19 + 14 = _____
30. 18 + 14 = _____
31. 8 + 14 = _____
32. 7 + 14 = _____
33. 14 + 14 = _____
34. 14 + 14 = _____
35. 14 + 14 = _____
36. 8 + 14 = _____
37. 3 + 14 = _____
38. 15 + 14 = _____
39. 20 + 14 = _____
40. 8 + 14 = _____
41. 7 + 14 = _____
42. 9 + 14 = _____
43. 14 + 14 = _____
44. 2 + 14 = _____
45. 0 + 14 = _____

Name: _____ Score: _____ Time: _____ Date: _____

Exercise 52

1. 9 + 14 = _____
2. 12 + 14 = _____
3. 18 + 14 = _____
4. 7 + 14 = _____
5. 0 + 14 = _____
6. 3 + 14 = _____
7. 19 + 14 = _____
8. 1 + 14 = _____
9. 5 + 14 = _____
10. 15 + 14 = _____
11. 6 + 14 = _____
12. 2 + 14 = _____
13. 17 + 14 = _____
14. 13 + 14 = _____
15. 4 + 14 = _____
16. 20 + 14 = _____
17. 11 + 14 = _____
18. 14 + 14 = _____
19. 10 + 14 = _____
20. 16 + 14 = _____
21. 8 + 14 = _____
22. 10 + 14 = _____
23. 14 + 14 = _____
24. 0 + 14 = _____
25. 19 + 14 = _____
26. 15 + 14 = _____
27. 19 + 14 = _____
28. 14 + 14 = _____
29. 12 + 14 = _____
30. 9 + 14 = _____
31. 13 + 14 = _____
32. 13 + 14 = _____
33. 5 + 14 = _____
34. 0 + 14 = _____
35. 3 + 14 = _____
36. 20 + 14 = _____
37. 20 + 14 = _____
38. 20 + 14 = _____
39. 14 + 14 = _____
40. 9 + 14 = _____
41. 15 + 14 = _____
42. 0 + 14 = _____
43. 4 + 14 = _____
44. 1 + 14 = _____
45. 18 + 14 = _____

Name: _____ Score: _____ Time: _____ Date: _____

Exercise 53

1. 17 + 15 = _____
2. 3 + 15 = _____
3. 0 + 15 = _____
4. 11 + 15 = _____
5. 20 + 15 = _____
6. 19 + 15 = _____
7. 5 + 15 = _____
8. 7 + 15 = _____
9. 16 + 15 = _____
10. 1 + 15 = _____
11. 9 + 15 = _____
12. 13 + 15 = _____
13. 18 + 15 = _____
14. 15 + 15 = _____
15. 6 + 15 = _____
16. 2 + 15 = _____
17. 14 + 15 = _____
18. 12 + 15 = _____
19. 10 + 15 = _____
20. 8 + 15 = _____
21. 4 + 15 = _____
22. 0 + 15 = _____
23. 1 + 15 = _____
24. 19 + 15 = _____
25. 6 + 15 = _____
26. 6 + 15 = _____
27. 6 + 15 = _____
28. 8 + 15 = _____
29. 17 + 15 = _____
30. 2 + 15 = _____
31. 8 + 15 = _____
32. 5 + 15 = _____
33. 9 + 15 = _____
34. 14 + 15 = _____
35. 2 + 15 = _____
36. 11 + 15 = _____
37. 18 + 15 = _____
38. 17 + 15 = _____
39. 6 + 15 = _____
40. 1 + 15 = _____
41. 20 + 15 = _____
42. 14 + 15 = _____
43. 15 + 15 = _____
44. 1 + 15 = _____
45. 8 + 15 = _____

Name: _____ Score: _____ Time: _____ Date: _____

Exercise 54

1. 1 + 15 = _____
2. 7 + 15 = _____
3. 9 + 15 = _____
4. 2 + 15 = _____
5. 17 + 15 = _____
6. 16 + 15 = _____
7. 10 + 15 = _____
8. 6 + 15 = _____
9. 4 + 15 = _____
10. 18 + 15 = _____
11. 3 + 15 = _____
12. 0 + 15 = _____
13. 8 + 15 = _____
14. 11 + 15 = _____
15. 20 + 15 = _____
16. 15 + 15 = _____
17. 13 + 15 = _____
18. 12 + 15 = _____
19. 14 + 15 = _____
20. 19 + 15 = _____
21. 5 + 15 = _____
22. 11 + 15 = _____
23. 8 + 15 = _____
24. 6 + 15 = _____
25. 11 + 15 = _____
26. 19 + 15 = _____
27. 10 + 15 = _____
28. 0 + 15 = _____
29. 16 + 15 = _____
30. 5 + 15 = _____
31. 3 + 15 = _____
32. 0 + 15 = _____
33. 6 + 15 = _____
34. 9 + 15 = _____
35. 10 + 15 = _____
36. 7 + 15 = _____
37. 11 + 15 = _____
38. 19 + 15 = _____
39. 17 + 15 = _____
40. 5 + 15 = _____
41. 6 + 15 = _____
42. 18 + 15 = _____
43. 3 + 15 = _____
44. 16 + 15 = _____
45. 9 + 15 = _____

Name: _____ Score: _____ Time: _____ Date: _____

Exercise 55

1. 13 + 15 = _____
2. 3 + 15 = _____
3. 12 + 15 = _____
4. 9 + 15 = _____
5. 7 + 15 = _____
6. 1 + 15 = _____
7. 15 + 15 = _____
8. 19 + 15 = _____
9. 10 + 15 = _____
10. 11 + 15 = _____
11. 0 + 15 = _____
12. 16 + 15 = _____
13. 14 + 15 = _____
14. 4 + 15 = _____
15. 17 + 15 = _____
16. 18 + 15 = _____
17. 5 + 15 = _____
18. 2 + 15 = _____
19. 20 + 15 = _____
20. 6 + 15 = _____
21. 8 + 15 = _____
22. 13 + 15 = _____
23. 19 + 15 = _____
24. 3 + 15 = _____
25. 8 + 15 = _____
26. 6 + 15 = _____
27. 9 + 15 = _____
28. 14 + 15 = _____
29. 5 + 15 = _____
30. 14 + 15 = _____
31. 8 + 15 = _____
32. 20 + 15 = _____
33. 5 + 15 = _____
34. 11 + 15 = _____
35. 13 + 15 = _____
36. 15 + 15 = _____
37. 13 + 15 = _____
38. 1 + 15 = _____
39. 13 + 15 = _____
40. 11 + 15 = _____
41. 1 + 15 = _____
42. 16 + 15 = _____
43. 9 + 15 = _____
44. 10 + 15 = _____
45. 11 + 15 = _____

Name: _____ Score: _____ Time: _____ Date: _____

Exercise 56

1. 11 + 16 = _____
2. 19 + 16 = _____
3. 4 + 16 = _____
4. 17 + 16 = _____
5. 10 + 16 = _____
6. 18 + 16 = _____
7. 2 + 16 = _____
8. 12 + 16 = _____
9. 3 + 16 = _____
10. 14 + 16 = _____
11. 6 + 16 = _____
12. 8 + 16 = _____
13. 20 + 16 = _____
14. 5 + 16 = _____
15. 1 + 16 = _____
16. 0 + 16 = _____
17. 7 + 16 = _____
18. 15 + 16 = _____
19. 13 + 16 = _____
20. 16 + 16 = _____
21. 9 + 16 = _____
22. 11 + 16 = _____
23. 20 + 16 = _____
24. 16 + 16 = _____
25. 11 + 16 = _____
26. 19 + 16 = _____
27. 17 + 16 = _____
28. 19 + 16 = _____
29. 13 + 16 = _____
30. 12 + 16 = _____
31. 7 + 16 = _____
32. 3 + 16 = _____
33. 17 + 16 = _____
34. 2 + 16 = _____
35. 7 + 16 = _____
36. 15 + 16 = _____
37. 3 + 16 = _____
38. 11 + 16 = _____
39. 19 + 16 = _____
40. 11 + 16 = _____
41. 8 + 16 = _____
42. 12 + 16 = _____
43. 8 + 16 = _____
44. 9 + 16 = _____
45. 15 + 16 = _____

Name: _____ Score: _____ Time: _____ Date: _____

Exercise 57

1. 6 + 16 = _____
2. 5 + 16 = _____
3. 10 + 16 = _____
4. 9 + 16 = _____
5. 19 + 16 = _____
6. 7 + 16 = _____
7. 12 + 16 = _____
8. 3 + 16 = _____
9. 4 + 16 = _____
10. 20 + 16 = _____
11. 13 + 16 = _____
12. 14 + 16 = _____
13. 18 + 16 = _____
14. 11 + 16 = _____
15. 16 + 16 = _____
16. 1 + 16 = _____
17. 2 + 16 = _____
18. 15 + 16 = _____
19. 8 + 16 = _____
20. 0 + 16 = _____
21. 17 + 16 = _____
22. 18 + 16 = _____
23. 11 + 16 = _____
24. 19 + 16 = _____
25. 4 + 16 = _____
26. 13 + 16 = _____
27. 2 + 16 = _____
28. 20 + 16 = _____
29. 3 + 16 = _____
30. 5 + 16 = _____
31. 17 + 16 = _____
32. 20 + 16 = _____
33. 17 + 16 = _____
34. 15 + 16 = _____
35. 10 + 16 = _____
36. 2 + 16 = _____
37. 10 + 16 = _____
38. 0 + 16 = _____
39. 16 + 16 = _____
40. 1 + 16 = _____
41. 3 + 16 = _____
42. 7 + 16 = _____
43. 6 + 16 = _____
44. 20 + 16 = _____
45. 19 + 16 = _____

Name: _____ Score: _____ Time: _____ Date: _____

Exercise 58

1. $3 + 16 =$ _____
2. $13 + 16 =$ _____
3. $16 + 16 =$ _____
4. $8 + 16 =$ _____
5. $5 + 16 =$ _____
6. $1 + 16 =$ _____
7. $20 + 16 =$ _____
8. $10 + 16 =$ _____
9. $18 + 16 =$ _____
10. $15 + 16 =$ _____
11. $11 + 16 =$ _____
12. $6 + 16 =$ _____
13. $17 + 16 =$ _____
14. $12 + 16 =$ _____
15. $9 + 16 =$ _____
16. $14 + 16 =$ _____
17. $19 + 16 =$ _____
18. $0 + 16 =$ _____
19. $4 + 16 =$ _____
20. $7 + 16 =$ _____
21. $2 + 16 =$ _____
22. $15 + 16 =$ _____
23. $12 + 16 =$ _____
24. $14 + 16 =$ _____
25. $17 + 16 =$ _____
26. $5 + 16 =$ _____
27. $9 + 16 =$ _____
28. $16 + 16 =$ _____
29. $11 + 16 =$ _____
30. $4 + 16 =$ _____
31. $7 + 16 =$ _____
32. $11 + 16 =$ _____
33. $17 + 16 =$ _____
34. $20 + 16 =$ _____
35. $3 + 16 =$ _____
36. $14 + 16 =$ _____
37. $11 + 16 =$ _____
38. $2 + 16 =$ _____
39. $2 + 16 =$ _____
40. $13 + 16 =$ _____
41. $6 + 16 =$ _____
42. $18 + 16 =$ _____
43. $7 + 16 =$ _____
44. $7 + 16 =$ _____
45. $4 + 16 =$ _____

Name: _____ Score: _____ Time: _____ Date: _____

Exercise 59

1. 19 + 17 = _____
2. 1 + 17 = _____
3. 15 + 17 = _____
4. 7 + 17 = _____
5. 13 + 17 = _____
6. 18 + 17 = _____
7. 17 + 17 = _____
8. 8 + 17 = _____
9. 12 + 17 = _____
10. 6 + 17 = _____
11. 0 + 17 = _____
12. 9 + 17 = _____
13. 20 + 17 = _____
14. 4 + 17 = _____
15. 5 + 17 = _____
16. 11 + 17 = _____
17. 2 + 17 = _____
18. 14 + 17 = _____
19. 10 + 17 = _____
20. 16 + 17 = _____
21. 3 + 17 = _____
22. 2 + 17 = _____
23. 8 + 17 = _____
24. 19 + 17 = _____
25. 14 + 17 = _____
26. 5 + 17 = _____
27. 11 + 17 = _____
28. 15 + 17 = _____
29. 1 + 17 = _____
30. 20 + 17 = _____
31. 14 + 17 = _____
32. 16 + 17 = _____
33. 14 + 17 = _____
34. 0 + 17 = _____
35. 13 + 17 = _____
36. 7 + 17 = _____
37. 7 + 17 = _____
38. 9 + 17 = _____
39. 3 + 17 = _____
40. 17 + 17 = _____
41. 20 + 17 = _____
42. 17 + 17 = _____
43. 6 + 17 = _____
44. 18 + 17 = _____
45. 4 + 17 = _____

Exercise 59

Name: _____ Score: _____ Time: _____ Date: _____

Exercise 60

1. 17 + 17 = _____
2. 13 + 17 = _____
3. 5 + 17 = _____
4. 18 + 17 = _____
5. 11 + 17 = _____
6. 7 + 17 = _____
7. 2 + 17 = _____
8. 6 + 17 = _____
9. 16 + 17 = _____
10. 10 + 17 = _____
11. 1 + 17 = _____
12. 9 + 17 = _____
13. 12 + 17 = _____
14. 19 + 17 = _____
15. 14 + 17 = _____
16. 8 + 17 = _____
17. 0 + 17 = _____
18. 3 + 17 = _____
19. 4 + 17 = _____
20. 20 + 17 = _____
21. 15 + 17 = _____
22. 2 + 17 = _____
23. 1 + 17 = _____
24. 5 + 17 = _____
25. 16 + 17 = _____
26. 7 + 17 = _____
27. 11 + 17 = _____
28. 1 + 17 = _____
29. 17 + 17 = _____
30. 20 + 17 = _____
31. 2 + 17 = _____
32. 13 + 17 = _____
33. 15 + 17 = _____
34. 5 + 17 = _____
35. 1 + 17 = _____
36. 6 + 17 = _____
37. 10 + 17 = _____
38. 5 + 17 = _____
39. 15 + 17 = _____
40. 20 + 17 = _____
41. 16 + 17 = _____
42. 8 + 17 = _____
43. 11 + 17 = _____
44. 3 + 17 = _____
45. 9 + 17 = _____

Name: _____ Score: _____ Time: _____ Date: _____

Exercise 61

1. 20 + 17 = _____
2. 19 + 17 = _____
3. 12 + 17 = _____
4. 10 + 17 = _____
5. 14 + 17 = _____
6. 3 + 17 = _____
7. 5 + 17 = _____
8. 13 + 17 = _____
9. 2 + 17 = _____
10. 18 + 17 = _____
11. 4 + 17 = _____
12. 1 + 17 = _____
13. 16 + 17 = _____
14. 0 + 17 = _____
15. 9 + 17 = _____
16. 8 + 17 = _____
17. 11 + 17 = _____
18. 15 + 17 = _____
19. 6 + 17 = _____
20. 7 + 17 = _____
21. 17 + 17 = _____
22. 4 + 17 = _____
23. 5 + 17 = _____
24. 19 + 17 = _____
25. 4 + 17 = _____
26. 15 + 17 = _____
27. 10 + 17 = _____
28. 3 + 17 = _____
29. 12 + 17 = _____
30. 16 + 17 = _____
31. 19 + 17 = _____
32. 12 + 17 = _____
33. 1 + 17 = _____
34. 17 + 17 = _____
35. 15 + 17 = _____
36. 13 + 17 = _____
37. 17 + 17 = _____
38. 6 + 17 = _____
39. 15 + 17 = _____
40. 10 + 17 = _____
41. 8 + 17 = _____
42. 14 + 17 = _____
43. 20 + 17 = _____
44. 5 + 17 = _____
45. 17 + 17 = _____

Exercise 61

Name: _____ Score: _____ Time: _____ Date: _____

Exercise 62

1. 20 + 18 = _____
2. 18 + 18 = _____
3. 17 + 18 = _____
4. 13 + 18 = _____
5. 11 + 18 = _____
6. 16 + 18 = _____
7. 19 + 18 = _____
8. 9 + 18 = _____
9. 12 + 18 = _____
10. 6 + 18 = _____
11. 0 + 18 = _____
12. 2 + 18 = _____
13. 15 + 18 = _____
14. 10 + 18 = _____
15. 3 + 18 = _____
16. 4 + 18 = _____
17. 5 + 18 = _____
18. 14 + 18 = _____
19. 1 + 18 = _____
20. 8 + 18 = _____
21. 7 + 18 = _____
22. 3 + 18 = _____
23. 8 + 18 = _____
24. 1 + 18 = _____
25. 18 + 18 = _____
26. 3 + 18 = _____
27. 6 + 18 = _____
28. 14 + 18 = _____
29. 11 + 18 = _____
30. 17 + 18 = _____
31. 10 + 18 = _____
32. 11 + 18 = _____
33. 14 + 18 = _____
34. 8 + 18 = _____
35. 18 + 18 = _____
36. 10 + 18 = _____
37. 9 + 18 = _____
38. 19 + 18 = _____
39. 16 + 18 = _____
40. 10 + 18 = _____
41. 7 + 18 = _____
42. 2 + 18 = _____
43. 17 + 18 = _____
44. 5 + 18 = _____
45. 10 + 18 = _____

Name: _____ Score: _____ Time: _____ Date: _____

Exercise 63

1. 12 + 18 = _____
2. 6 + 18 = _____
3. 18 + 18 = _____
4. 3 + 18 = _____
5. 19 + 18 = _____
6. 5 + 18 = _____
7. 8 + 18 = _____
8. 4 + 18 = _____
9. 15 + 18 = _____
10. 7 + 18 = _____
11. 9 + 18 = _____
12. 2 + 18 = _____
13. 20 + 18 = _____
14. 10 + 18 = _____
15. 13 + 18 = _____
16. 17 + 18 = _____
17. 11 + 18 = _____
18. 16 + 18 = _____
19. 1 + 18 = _____
20. 14 + 18 = _____
21. 0 + 18 = _____
22. 6 + 18 = _____
23. 3 + 18 = _____
24. 16 + 18 = _____
25. 19 + 18 = _____
26. 14 + 18 = _____
27. 4 + 18 = _____
28. 18 + 18 = _____
29. 14 + 18 = _____
30. 0 + 18 = _____
31. 15 + 18 = _____
32. 13 + 18 = _____
33. 5 + 18 = _____
34. 15 + 18 = _____
35. 0 + 18 = _____
36. 5 + 18 = _____
37. 0 + 18 = _____
38. 16 + 18 = _____
39. 1 + 18 = _____
40. 9 + 18 = _____
41. 14 + 18 = _____
42. 9 + 18 = _____
43. 14 + 18 = _____
44. 20 + 18 = _____
45. 15 + 18 = _____

Exercise 63

Name: _____ Score: _____ Time: _____ Date: _____

Exercise 64

1. 18 + 18 = _____
2. 2 + 18 = _____
3. 17 + 18 = _____
4. 0 + 18 = _____
5. 5 + 18 = _____
6. 13 + 18 = _____
7. 15 + 18 = _____
8. 1 + 18 = _____
9. 3 + 18 = _____
10. 11 + 18 = _____
11. 8 + 18 = _____
12. 20 + 18 = _____
13. 6 + 18 = _____
14. 12 + 18 = _____
15. 14 + 18 = _____
16. 16 + 18 = _____
17. 19 + 18 = _____
18. 9 + 18 = _____
19. 4 + 18 = _____
20. 10 + 18 = _____
21. 7 + 18 = _____
22. 5 + 18 = _____
23. 1 + 18 = _____
24. 3 + 18 = _____
25. 16 + 18 = _____
26. 12 + 18 = _____
27. 16 + 18 = _____
28. 0 + 18 = _____
29. 5 + 18 = _____
30. 11 + 18 = _____
31. 12 + 18 = _____
32. 15 + 18 = _____
33. 15 + 18 = _____
34. 5 + 18 = _____
35. 19 + 18 = _____
36. 5 + 18 = _____
37. 19 + 18 = _____
38. 18 + 18 = _____
39. 7 + 18 = _____
40. 4 + 18 = _____
41. 8 + 18 = _____
42. 8 + 18 = _____
43. 20 + 18 = _____
44. 20 + 18 = _____
45. 9 + 18 = _____

Name: _____ Score: _____ Time: _____ Date: _____

Exercise 65

1. 13 + 19 = _____
2. 8 + 19 = _____
3. 7 + 19 = _____
4. 2 + 19 = _____
5. 4 + 19 = _____
6. 1 + 19 = _____
7. 10 + 19 = _____
8. 11 + 19 = _____
9. 17 + 19 = _____
10. 3 + 19 = _____
11. 5 + 19 = _____
12. 19 + 19 = _____
13. 20 + 19 = _____
14. 9 + 19 = _____
15. 15 + 19 = _____
16. 16 + 19 = _____
17. 6 + 19 = _____
18. 12 + 19 = _____
19. 14 + 19 = _____
20. 18 + 19 = _____
21. 0 + 19 = _____
22. 12 + 19 = _____
23. 1 + 19 = _____
24. 14 + 19 = _____
25. 10 + 19 = _____
26. 19 + 19 = _____
27. 11 + 19 = _____
28. 17 + 19 = _____
29. 15 + 19 = _____
30. 13 + 19 = _____
31. 9 + 19 = _____
32. 11 + 19 = _____
33. 19 + 19 = _____
34. 7 + 19 = _____
35. 6 + 19 = _____
36. 18 + 19 = _____
37. 8 + 19 = _____
38. 15 + 19 = _____
39. 5 + 19 = _____
40. 1 + 19 = _____
41. 5 + 19 = _____
42. 20 + 19 = _____
43. 18 + 19 = _____
44. 8 + 19 = _____
45. 15 + 19 = _____

Name: _____ Score: _____ Time: _____ Date: _____

Exercise 66

1. 2 + 19 = _____
2. 20 + 19 = _____
3. 8 + 19 = _____
4. 18 + 19 = _____
5. 0 + 19 = _____
6. 4 + 19 = _____
7. 12 + 19 = _____
8. 14 + 19 = _____
9. 3 + 19 = _____
10. 16 + 19 = _____
11. 17 + 19 = _____
12. 19 + 19 = _____
13. 7 + 19 = _____
14. 1 + 19 = _____
15. 11 + 19 = _____
16. 9 + 19 = _____
17. 10 + 19 = _____
18. 6 + 19 = _____
19. 15 + 19 = _____
20. 13 + 19 = _____
21. 5 + 19 = _____
22. 8 + 19 = _____
23. 8 + 19 = _____
24. 7 + 19 = _____
25. 15 + 19 = _____
26. 0 + 19 = _____
27. 1 + 19 = _____
28. 5 + 19 = _____
29. 19 + 19 = _____
30. 15 + 19 = _____
31. 4 + 19 = _____
32. 20 + 19 = _____
33. 5 + 19 = _____
34. 7 + 19 = _____
35. 5 + 19 = _____
36. 0 + 19 = _____
37. 15 + 19 = _____
38. 9 + 19 = _____
39. 3 + 19 = _____
40. 11 + 19 = _____
41. 4 + 19 = _____
42. 6 + 19 = _____
43. 13 + 19 = _____
44. 17 + 19 = _____
45. 19 + 19 = _____

Name: _____ Score: _____ Time: _____ Date: _____

Exercise 67

1. 0 + 19 = _____
2. 7 + 19 = _____
3. 5 + 19 = _____
4. 10 + 19 = _____
5. 16 + 19 = _____
6. 17 + 19 = _____
7. 18 + 19 = _____
8. 3 + 19 = _____
9. 2 + 19 = _____
10. 15 + 19 = _____
11. 11 + 19 = _____
12. 1 + 19 = _____
13. 12 + 19 = _____
14. 20 + 19 = _____
15. 14 + 19 = _____
16. 4 + 19 = _____
17. 9 + 19 = _____
18. 8 + 19 = _____
19. 13 + 19 = _____
20. 6 + 19 = _____
21. 19 + 19 = _____
22. 4 + 19 = _____
23. 6 + 19 = _____
24. 2 + 19 = _____
25. 9 + 19 = _____
26. 19 + 19 = _____
27. 12 + 19 = _____
28. 16 + 19 = _____
29. 8 + 19 = _____
30. 13 + 19 = _____
31. 13 + 19 = _____
32. 3 + 19 = _____
33. 5 + 19 = _____
34. 3 + 19 = _____
35. 12 + 19 = _____
36. 4 + 19 = _____
37. 14 + 19 = _____
38. 15 + 19 = _____
39. 16 + 19 = _____
40. 10 + 19 = _____
41. 3 + 19 = _____
42. 4 + 19 = _____
43. 18 + 19 = _____
44. 5 + 19 = _____
45. 20 + 19 = _____

Exercise 67

Name: _____ Score: _____ Time: _____ Date: _____

Exercise 68

1. 16 + 20 = _____
2. 2 + 20 = _____
3. 11 + 20 = _____
4. 7 + 20 = _____
5. 8 + 20 = _____
6. 5 + 20 = _____
7. 3 + 20 = _____
8. 6 + 20 = _____
9. 1 + 20 = _____
10. 12 + 20 = _____
11. 0 + 20 = _____
12. 17 + 20 = _____
13. 13 + 20 = _____
14. 20 + 20 = _____
15. 4 + 20 = _____
16. 18 + 20 = _____
17. 14 + 20 = _____
18. 15 + 20 = _____
19. 9 + 20 = _____
20. 19 + 20 = _____
21. 10 + 20 = _____
22. 15 + 20 = _____
23. 12 + 20 = _____
24. 17 + 20 = _____
25. 4 + 20 = _____
26. 11 + 20 = _____
27. 11 + 20 = _____
28. 0 + 20 = _____
29. 20 + 20 = _____
30. 6 + 20 = _____
31. 5 + 20 = _____
32. 17 + 20 = _____
33. 18 + 20 = _____
34. 12 + 20 = _____
35. 12 + 20 = _____
36. 9 + 20 = _____
37. 6 + 20 = _____
38. 3 + 20 = _____
39. 5 + 20 = _____
40. 0 + 20 = _____
41. 2 + 20 = _____
42. 0 + 20 = _____
43. 4 + 20 = _____
44. 5 + 20 = _____
45. 11 + 20 = _____

Name: _____ Score: _____ Time: _____ Date: _____

Exercise 69

1. 13 + 20 = _____
2. 15 + 20 = _____
3. 17 + 20 = _____
4. 10 + 20 = _____
5. 2 + 20 = _____
6. 9 + 20 = _____
7. 20 + 20 = _____
8. 3 + 20 = _____
9. 19 + 20 = _____
10. 4 + 20 = _____
11. 16 + 20 = _____
12. 1 + 20 = _____
13. 6 + 20 = _____
14. 14 + 20 = _____
15. 11 + 20 = _____
16. 0 + 20 = _____
17. 18 + 20 = _____
18. 7 + 20 = _____
19. 12 + 20 = _____
20. 8 + 20 = _____
21. 5 + 20 = _____
22. 6 + 20 = _____
23. 18 + 20 = _____
24. 11 + 20 = _____
25. 0 + 20 = _____
26. 19 + 20 = _____
27. 4 + 20 = _____
28. 11 + 20 = _____
29. 10 + 20 = _____
30. 13 + 20 = _____
31. 19 + 20 = _____
32. 2 + 20 = _____
33. 13 + 20 = _____
34. 18 + 20 = _____
35. 10 + 20 = _____
36. 14 + 20 = _____
37. 3 + 20 = _____
38. 6 + 20 = _____
39. 14 + 20 = _____
40. 4 + 20 = _____
41. 3 + 20 = _____
42. 8 + 20 = _____
43. 20 + 20 = _____
44. 3 + 20 = _____
45. 16 + 20 = _____

Name: _____ Score: _____ Time: _____ Date: _____

Exercise 70

1. 6 + 20 = _____
2. 3 + 20 = _____
3. 12 + 20 = _____
4. 4 + 20 = _____
5. 0 + 20 = _____
6. 10 + 20 = _____
7. 14 + 20 = _____
8. 15 + 20 = _____
9. 5 + 20 = _____
10. 1 + 20 = _____
11. 18 + 20 = _____
12. 11 + 20 = _____
13. 19 + 20 = _____
14. 13 + 20 = _____
15. 9 + 20 = _____
16. 8 + 20 = _____
17. 20 + 20 = _____
18. 7 + 20 = _____
19. 2 + 20 = _____
20. 17 + 20 = _____
21. 16 + 20 = _____
22. 18 + 20 = _____
23. 16 + 20 = _____
24. 13 + 20 = _____
25. 18 + 20 = _____
26. 9 + 20 = _____
27. 18 + 20 = _____
28. 19 + 20 = _____
29. 15 + 20 = _____
30. 19 + 20 = _____
31. 20 + 20 = _____
32. 10 + 20 = _____
33. 7 + 20 = _____
34. 19 + 20 = _____
35. 7 + 20 = _____
36. 7 + 20 = _____
37. 18 + 20 = _____
38. 9 + 20 = _____
39. 8 + 20 = _____
40. 7 + 20 = _____
41. 15 + 20 = _____
42. 9 + 20 = _____
43. 2 + 20 = _____
44. 7 + 20 = _____
45. 17 + 20 = _____

Name: _____ Score: _____ Time: _____ Date: _____

Exercise 71

1. 13 + 15 = _____
2. 0 + 14 = _____
3. 16 + 1 = _____
4. 3 + 16 = _____
5. 15 + 6 = _____
6. 5 + 3 = _____
7. 7 + 11 = _____
8. 8 + 1 = _____
9. 7 + 13 = _____
10. 19 + 10 = _____
11. 1 + 12 = _____
12. 3 + 15 = _____
13. 4 + 11 = _____
14. 19 + 12 = _____
15. 7 + 20 = _____
16. 7 + 0 = _____
17. 5 + 4 = _____
18. 18 + 6 = _____
19. 5 + 2 = _____
20. 8 + 16 = _____
21. 11 + 0 = _____
22. 10 + 13 = _____
23. 5 + 12 = _____
24. 4 + 5 = _____
25. 2 + 12 = _____
26. 8 + 19 = _____
27. 12 + 15 = _____
28. 4 + 14 = _____
29. 12 + 7 = _____
30. 2 + 1 = _____
31. 12 + 1 = _____
32. 0 + 8 = _____
33. 14 + 15 = _____
34. 20 + 7 = _____
35. 2 + 6 = _____
36. 13 + 10 = _____
37. 1 + 17 = _____
38. 2 + 17 = _____
39. 4 + 3 = _____
40. 14 + 19 = _____
41. 8 + 2 = _____
42. 18 + 13 = _____
43. 3 + 10 = _____
44. 18 + 7 = _____
45. 14 + 16 = _____

Name: _____ Score: _____ Time: _____ Date: _____

Exercise 72

1. 10 + 18 = _____
2. 1 + 8 = _____
3. 17 + 6 = _____
4. 10 + 17 = _____
5. 2 + 10 = _____
6. 2 + 1 = _____
7. 18 + 8 = _____
8. 20 + 11 = _____
9. 11 + 11 = _____
10. 9 + 14 = _____
11. 6 + 20 = _____
12. 10 + 20 = _____
13. 15 + 17 = _____
14. 14 + 11 = _____
15. 6 + 9 = _____
16. 11 + 10 = _____
17. 17 + 7 = _____
18. 19 + 11 = _____
19. 8 + 13 = _____
20. 10 + 1 = _____
21. 18 + 17 = _____
22. 3 + 11 = _____
23. 2 + 18 = _____
24. 5 + 5 = _____
25. 2 + 17 = _____
26. 8 + 6 = _____
27. 15 + 6 = _____
28. 4 + 3 = _____
29. 13 + 3 = _____
30. 1 + 16 = _____
31. 4 + 10 = _____
32. 16 + 10 = _____
33. 12 + 19 = _____
34. 9 + 4 = _____
35. 1 + 12 = _____
36. 19 + 20 = _____
37. 8 + 0 = _____
38. 10 + 12 = _____
39. 5 + 20 = _____
40. 9 + 11 = _____
41. 19 + 12 = _____
42. 4 + 19 = _____
43. 3 + 8 = _____
44. 18 + 18 = _____
45. 19 + 9 = _____

Name: _____ Score: _____ Time: _____ Date: _____

Exercise 73

1. 3 + 3 = _____
2. 17 + 16 = _____
3. 10 + 16 = _____
4. 14 + 2 = _____
5. 15 + 6 = _____
6. 12 + 18 = _____
7. 12 + 1 = _____
8. 11 + 18 = _____
9. 12 + 16 = _____
10. 3 + 2 = _____
11. 19 + 18 = _____
12. 11 + 6 = _____
13. 13 + 0 = _____
14. 0 + 15 = _____
15. 9 + 5 = _____
16. 12 + 5 = _____
17. 20 + 13 = _____
18. 4 + 3 = _____
19. 9 + 10 = _____
20. 10 + 11 = _____
21. 19 + 7 = _____
22. 18 + 6 = _____
23. 8 + 14 = _____
24. 19 + 15 = _____
25. 17 + 2 = _____
26. 13 + 18 = _____
27. 1 + 8 = _____
28. 18 + 8 = _____
29. 16 + 4 = _____
30. 20 + 3 = _____
31. 0 + 19 = _____
32. 0 + 3 = _____
33. 6 + 17 = _____
34. 14 + 5 = _____
35. 8 + 18 = _____
36. 19 + 9 = _____
37. 9 + 6 = _____
38. 4 + 7 = _____
39. 8 + 8 = _____
40. 7 + 3 = _____
41. 0 + 2 = _____
42. 16 + 16 = _____
43. 2 + 0 = _____
44. 14 + 9 = _____
45. 0 + 7 = _____

Exercise 73

Name: _____ Score: _____ Time: _____ Date: _____

Exercise 74

1. 15 + 9 = _____
2. 11 + 6 = _____
3. 1 + 7 = _____
4. 12 + 0 = _____
5. 11 + 13 = _____
6. 3 + 18 = _____
7. 12 + 19 = _____
8. 9 + 14 = _____
9. 13 + 0 = _____
10. 1 + 20 = _____
11. 5 + 20 = _____
12. 0 + 9 = _____
13. 5 + 14 = _____
14. 9 + 16 = _____
15. 15 + 12 = _____
16. 13 + 7 = _____
17. 13 + 18 = _____
18. 2 + 0 = _____
19. 3 + 9 = _____
20. 20 + 18 = _____
21. 14 + 0 = _____
22. 10 + 12 = _____
23. 12 + 16 = _____
24. 7 + 13 = _____
25. 6 + 17 = _____
26. 9 + 0 = _____
27. 10 + 0 = _____
28. 18 + 3 = _____
29. 7 + 19 = _____
30. 7 + 8 = _____
31. 5 + 13 = _____
32. 9 + 15 = _____
33. 17 + 17 = _____
34. 20 + 12 = _____
35. 17 + 5 = _____
36. 19 + 12 = _____
37. 17 + 3 = _____
38. 18 + 16 = _____
39. 11 + 10 = _____
40. 1 + 19 = _____
41. 16 + 10 = _____
42. 2 + 17 = _____
43. 8 + 15 = _____
44. 14 + 11 = _____
45. 18 + 12 = _____

Name: _____ Score: _____ Time: _____ Date: _____

Exercise 75

1. 9 + 16 = _____
2. 1 + 10 = _____
3. 19 + 11 = _____
4. 14 + 9 = _____
5. 14 + 0 = _____
6. 15 + 9 = _____
7. 0 + 11 = _____
8. 17 + 12 = _____
9. 20 + 16 = _____
10. 1 + 12 = _____
11. 13 + 15 = _____
12. 20 + 0 = _____
13. 10 + 18 = _____
14. 15 + 18 = _____
15. 10 + 2 = _____
16. 4 + 18 = _____
17. 5 + 12 = _____
18. 9 + 9 = _____
19. 15 + 15 = _____
20. 8 + 0 = _____
21. 3 + 0 = _____
22. 0 + 16 = _____
23. 0 + 15 = _____
24. 7 + 9 = _____
25. 6 + 3 = _____
26. 16 + 11 = _____
27. 2 + 12 = _____
28. 11 + 4 = _____
29. 7 + 1 = _____
30. 4 + 8 = _____
31. 5 + 10 = _____
32. 16 + 8 = _____
33. 3 + 8 = _____
34. 9 + 1 = _____
35. 3 + 1 = _____
36. 10 + 6 = _____
37. 14 + 5 = _____
38. 16 + 4 = _____
39. 10 + 16 = _____
40. 17 + 7 = _____
41. 3 + 15 = _____
42. 11 + 10 = _____
43. 6 + 1 = _____
44. 13 + 7 = _____
45. 8 + 6 = _____

Name: _____ Score: _____ Time: _____ Date: _____

Exercise 76

1. 4 + 12 = _____
2. 9 + 9 = _____
3. 14 + 3 = _____
4. 10 + 16 = _____
5. 19 + 7 = _____
6. 2 + 5 = _____
7. 18 + 11 = _____
8. 13 + 2 = _____
9. 6 + 13 = _____
10. 17 + 12 = _____
11. 15 + 16 = _____
12. 14 + 9 = _____
13. 7 + 8 = _____
14. 2 + 1 = _____
15. 14 + 1 = _____
16. 2 + 3 = _____
17. 5 + 6 = _____
18. 18 + 4 = _____
19. 8 + 14 = _____
20. 1 + 11 = _____
21. 4 + 16 = _____
22. 2 + 6 = _____
23. 8 + 16 = _____
24. 8 + 5 = _____
25. 18 + 2 = _____
26. 12 + 3 = _____
27. 3 + 5 = _____
28. 20 + 14 = _____
29. 3 + 19 = _____
30. 3 + 18 = _____
31. 7 + 2 = _____
32. 8 + 18 = _____
33. 11 + 15 = _____
34. 9 + 3 = _____
35. 11 + 16 = _____
36. 6 + 15 = _____
37. 1 + 2 = _____
38. 14 + 17 = _____
39. 2 + 0 = _____
40. 8 + 17 = _____
41. 17 + 2 = _____
42. 17 + 19 = _____
43. 16 + 20 = _____
44. 1 + 16 = _____
45. 0 + 20 = _____

Name: _____ Score: _____ Time: _____ Date: _____

Exercise 77

1. 13 + 13 = _____
2. 0 + 11 = _____
3. 20 + 8 = _____
4. 0 + 3 = _____
5. 10 + 5 = _____
6. 8 + 11 = _____
7. 6 + 15 = _____
8. 3 + 3 = _____
9. 8 + 1 = _____
10. 0 + 19 = _____
11. 16 + 0 = _____
12. 15 + 7 = _____
13. 9 + 8 = _____
14. 14 + 14 = _____
15. 7 + 16 = _____
16. 3 + 2 = _____
17. 18 + 18 = _____
18. 4 + 6 = _____
19. 5 + 20 = _____
20. 9 + 18 = _____
21. 5 + 9 = _____
22. 7 + 4 = _____
23. 1 + 0 = _____
24. 8 + 20 = _____
25. 20 + 3 = _____
26. 0 + 13 = _____
27. 19 + 7 = _____
28. 19 + 8 = _____
29. 8 + 12 = _____
30. 20 + 19 = _____
31. 2 + 4 = _____
32. 14 + 12 = _____
33. 17 + 18 = _____
34. 10 + 3 = _____
35. 3 + 11 = _____
36. 0 + 7 = _____
37. 17 + 14 = _____
38. 16 + 17 = _____
39. 10 + 1 = _____
40. 1 + 6 = _____
41. 13 + 4 = _____
42. 6 + 20 = _____
43. 3 + 17 = _____
44. 6 + 6 = _____
45. 10 + 15 = _____

Name: _____ Score: _____ Time: _____ Date: _____

Exercise 78

1. 11 + 15 = _____
2. 8 + 13 = _____
3. 9 + 12 = _____
4. 11 + 18 = _____
5. 7 + 5 = _____
6. 8 + 1 = _____
7. 16 + 10 = _____
8. 1 + 1 = _____
9. 12 + 9 = _____
10. 2 + 0 = _____
11. 18 + 2 = _____
12. 14 + 17 = _____
13. 2 + 18 = _____
14. 9 + 3 = _____
15. 5 + 2 = _____
16. 12 + 18 = _____
17. 13 + 14 = _____
18. 0 + 6 = _____
19. 12 + 2 = _____
20. 4 + 17 = _____
21. 16 + 18 = _____
22. 9 + 19 = _____
23. 5 + 9 = _____
24. 6 + 13 = _____
25. 4 + 8 = _____
26. 5 + 4 = _____
27. 15 + 9 = _____
28. 1 + 16 = _____
29. 12 + 7 = _____
30. 9 + 11 = _____
31. 18 + 4 = _____
32. 3 + 18 = _____
33. 7 + 12 = _____
34. 2 + 10 = _____
35. 9 + 6 = _____
36. 14 + 0 = _____
37. 14 + 14 = _____
38. 1 + 12 = _____
39. 5 + 1 = _____
40. 8 + 14 = _____
41. 0 + 7 = _____
42. 13 + 16 = _____
43. 6 + 11 = _____
44. 16 + 15 = _____
45. 13 + 12 = _____

Name: _____ Score: _____ Time: _____ Date: _____

Exercise 79

1. 14 + 2 = _____
2. 8 + 8 = _____
3. 9 + 2 = _____
4. 3 + 19 = _____
5. 1 + 14 = _____
6. 8 + 5 = _____
7. 1 + 8 = _____
8. 4 + 6 = _____
9. 11 + 0 = _____
10. 4 + 14 = _____
11. 19 + 12 = _____
12. 7 + 10 = _____
13. 16 + 15 = _____
14. 17 + 20 = _____
15. 19 + 7 = _____
16. 3 + 8 = _____
17. 7 + 3 = _____
18. 10 + 5 = _____
19. 17 + 7 = _____
20. 13 + 4 = _____
21. 17 + 18 = _____
22. 6 + 8 = _____
23. 11 + 17 = _____
24. 15 + 20 = _____
25. 0 + 13 = _____
26. 5 + 2 = _____
27. 4 + 9 = _____
28. 17 + 0 = _____
29. 11 + 4 = _____
30. 13 + 7 = _____
31. 3 + 9 = _____
32. 9 + 0 = _____
33. 4 + 20 = _____
34. 1 + 3 = _____
35. 9 + 4 = _____
36. 16 + 11 = _____
37. 1 + 7 = _____
38. 17 + 8 = _____
39. 16 + 5 = _____
40. 9 + 14 = _____
41. 15 + 12 = _____
42. 1 + 18 = _____
43. 11 + 3 = _____
44. 15 + 6 = _____
45. 18 + 14 = _____

Name: _____ Score: _____ Time: _____ Date: _____

Exercise 80

1. 3 + 6 = _____
2. 9 + 5 = _____
3. 20 + 12 = _____
4. 6 + 3 = _____
5. 5 + 11 = _____
6. 3 + 14 = _____
7. 11 + 6 = _____
8. 7 + 6 = _____
9. 11 + 19 = _____
10. 12 + 15 = _____
11. 12 + 3 = _____
12. 17 + 14 = _____
13. 12 + 19 = _____
14. 2 + 16 = _____
15. 0 + 9 = _____
16. 6 + 14 = _____
17. 6 + 19 = _____
18. 15 + 5 = _____
19. 20 + 14 = _____
20. 15 + 9 = _____
21. 12 + 14 = _____
22. 6 + 20 = _____
23. 17 + 16 = _____
24. 7 + 14 = _____
25. 15 + 20 = _____
26. 7 + 18 = _____
27. 20 + 16 = _____
28. 12 + 13 = _____
29. 6 + 11 = _____
30. 1 + 4 = _____
31. 14 + 0 = _____
32. 1 + 7 = _____
33. 19 + 9 = _____
34. 0 + 16 = _____
35. 5 + 17 = _____
36. 5 + 15 = _____
37. 3 + 13 = _____
38. 0 + 15 = _____
39. 12 + 11 = _____
40. 19 + 5 = _____
41. 16 + 8 = _____
42. 10 + 8 = _____
43. 11 + 14 = _____
44. 19 + 1 = _____
45. 13 + 16 = _____

Name: _____ Score: _____ Time: _____ Date: _____

Exercise 81

1. 20 + 19 = _____
2. 10 + 20 = _____
3. 17 + 1 = _____
4. 16 + 18 = _____
5. 4 + 15 = _____
6. 4 + 1 = _____
7. 8 + 11 = _____
8. 14 + 9 = _____
9. 9 + 7 = _____
10. 10 + 1 = _____
11. 8 + 17 = _____
12. 0 + 3 = _____
13. 3 + 17 = _____
14. 7 + 8 = _____
15. 3 + 20 = _____
16. 15 + 5 = _____
17. 14 + 20 = _____
18. 12 + 20 = _____
19. 5 + 20 = _____
20. 0 + 17 = _____
21. 14 + 8 = _____
22. 19 + 8 = _____
23. 0 + 20 = _____
24. 11 + 6 = _____
25. 7 + 18 = _____
26. 0 + 10 = _____
27. 15 + 19 = _____
28. 8 + 0 = _____
29. 18 + 8 = _____
30. 12 + 11 = _____
31. 11 + 0 = _____
32. 17 + 14 = _____
33. 20 + 15 = _____
34. 15 + 3 = _____
35. 16 + 14 = _____
36. 6 + 19 = _____
37. 18 + 1 = _____
38. 3 + 3 = _____
39. 15 + 0 = _____
40. 6 + 18 = _____
41. 1 + 0 = _____
42. 10 + 4 = _____
43. 2 + 17 = _____
44. 7 + 5 = _____
45. 4 + 20 = _____

Name: _____ Score: _____ Time: _____ Date: _____

Exercise 82

1. 16 + 13 = _____
2. 15 + 3 = _____
3. 11 + 17 = _____
4. 13 + 18 = _____
5. 15 + 0 = _____
6. 4 + 19 = _____
7. 20 + 10 = _____
8. 10 + 10 = _____
9. 12 + 12 = _____
10. 7 + 16 = _____
11. 3 + 10 = _____
12. 8 + 7 = _____
13. 3 + 11 = _____
14. 17 + 16 = _____
15. 5 + 8 = _____
16. 1 + 3 = _____
17. 6 + 18 = _____
18. 20 + 11 = _____
19. 9 + 19 = _____
20. 3 + 7 = _____
21. 18 + 20 = _____
22. 7 + 5 = _____
23. 10 + 18 = _____
24. 18 + 7 = _____
25. 11 + 9 = _____
26. 17 + 18 = _____
27. 6 + 13 = _____
28. 20 + 14 = _____
29. 19 + 17 = _____
30. 14 + 15 = _____
31. 5 + 1 = _____
32. 20 + 5 = _____
33. 9 + 9 = _____
34. 6 + 15 = _____
35. 5 + 9 = _____
36. 2 + 20 = _____
37. 8 + 15 = _____
38. 19 + 10 = _____
39. 12 + 14 = _____
40. 2 + 5 = _____
41. 16 + 20 = _____
42. 6 + 3 = _____
43. 3 + 17 = _____
44. 17 + 6 = _____
45. 9 + 16 = _____

Name: _____ Score: _____ Time: _____ Date: _____

Exercise 83

1. 20 + 6 = _____
2. 2 + 14 = _____
3. 16 + 1 = _____
4. 18 + 17 = _____
5. 11 + 11 = _____
6. 7 + 19 = _____
7. 6 + 5 = _____
8. 13 + 7 = _____
9. 0 + 10 = _____
10. 19 + 18 = _____
11. 2 + 17 = _____
12. 14 + 20 = _____
13. 7 + 14 = _____
14. 12 + 6 = _____
15. 7 + 20 = _____
16. 1 + 12 = _____
17. 9 + 7 = _____
18. 9 + 12 = _____
19. 18 + 8 = _____
20. 7 + 9 = _____
21. 0 + 20 = _____
22. 14 + 4 = _____
23. 18 + 12 = _____
24. 20 + 14 = _____
25. 14 + 16 = _____
26. 13 + 17 = _____
27. 14 + 6 = _____
28. 6 + 13 = _____
29. 19 + 0 = _____
30. 10 + 3 = _____
31. 18 + 18 = _____
32. 12 + 9 = _____
33. 15 + 19 = _____
34. 6 + 4 = _____
35. 8 + 3 = _____
36. 4 + 14 = _____
37. 8 + 13 = _____
38. 16 + 14 = _____
39. 16 + 12 = _____
40. 2 + 18 = _____
41. 0 + 18 = _____
42. 17 + 0 = _____
43. 14 + 8 = _____
44. 10 + 11 = _____
45. 3 + 13 = _____

Name: _____ Score: _____ Time: _____ Date: _____

Exercise 84

1. 16 + 19 = _____
2. 20 + 19 = _____
3. 16 + 10 = _____
4. 18 + 1 = _____
5. 20 + 17 = _____
6. 4 + 17 = _____
7. 10 + 15 = _____
8. 4 + 9 = _____
9. 16 + 13 = _____
10. 3 + 15 = _____
11. 5 + 8 = _____
12. 0 + 18 = _____
13. 14 + 4 = _____
14. 3 + 4 = _____
15. 20 + 1 = _____
16. 14 + 1 = _____
17. 8 + 6 = _____
18. 4 + 2 = _____
19. 14 + 2 = _____
20. 9 + 11 = _____
21. 12 + 4 = _____
22. 9 + 8 = _____
23. 18 + 8 = _____
24. 8 + 1 = _____
25. 2 + 3 = _____
26. 16 + 5 = _____
27. 17 + 14 = _____
28. 16 + 18 = _____
29. 3 + 18 = _____
30. 12 + 7 = _____
31. 6 + 14 = _____
32. 4 + 8 = _____
33. 10 + 9 = _____
34. 3 + 20 = _____
35. 4 + 4 = _____
36. 11 + 14 = _____
37. 18 + 3 = _____
38. 20 + 6 = _____
39. 14 + 7 = _____
40. 19 + 6 = _____
41. 13 + 16 = _____
42. 12 + 5 = _____
43. 14 + 10 = _____
44. 7 + 14 = _____
45. 0 + 8 = _____

Name: _____ Score: _____ Time: _____ Date: _____

Exercise 85

1. 0 + 15 = _____
2. 16 + 1 = _____
3. 16 + 19 = _____
4. 1 + 1 = _____
5. 15 + 18 = _____
6. 1 + 10 = _____
7. 9 + 6 = _____
8. 20 + 20 = _____
9. 19 + 6 = _____
10. 1 + 2 = _____
11. 15 + 9 = _____
12. 12 + 11 = _____
13. 4 + 5 = _____
14. 8 + 10 = _____
15. 14 + 19 = _____
16. 0 + 0 = _____
17. 14 + 10 = _____
18. 17 + 2 = _____
19. 10 + 10 = _____
20. 1 + 17 = _____
21. 2 + 19 = _____
22. 20 + 18 = _____
23. 4 + 13 = _____
24. 16 + 5 = _____
25. 12 + 8 = _____
26. 2 + 14 = _____
27. 3 + 4 = _____
28. 2 + 5 = _____
29. 16 + 14 = _____
30. 5 + 20 = _____
31. 16 + 11 = _____
32. 8 + 0 = _____
33. 5 + 12 = _____
34. 8 + 6 = _____
35. 16 + 13 = _____
36. 15 + 3 = _____
37. 18 + 12 = _____
38. 1 + 7 = _____
39. 5 + 8 = _____
40. 18 + 7 = _____
41. 15 + 7 = _____
42. 18 + 2 = _____
43. 10 + 5 = _____
44. 18 + 1 = _____
45. 9 + 13 = _____

Name: _____ Score: _____ Time: _____ Date: _____

Exercise 86

1. 2 + 12 = _____
2. 15 + 14 = _____
3. 1 + 7 = _____
4. 10 + 6 = _____
5. 19 + 18 = _____
6. 18 + 7 = _____
7. 14 + 5 = _____
8. 3 + 5 = _____
9. 15 + 9 = _____
10. 19 + 17 = _____
11. 19 + 15 = _____
12. 9 + 8 = _____
13. 3 + 13 = _____
14. 10 + 16 = _____
15. 3 + 11 = _____
16. 17 + 12 = _____
17. 15 + 10 = _____
18. 6 + 16 = _____
19. 1 + 18 = _____
20. 1 + 20 = _____
21. 18 + 2 = _____
22. 9 + 4 = _____
23. 2 + 20 = _____
24. 10 + 4 = _____
25. 3 + 1 = _____
26. 1 + 16 = _____
27. 11 + 0 = _____
28. 18 + 20 = _____
29. 16 + 5 = _____
30. 16 + 8 = _____
31. 8 + 16 = _____
32. 3 + 9 = _____
33. 5 + 7 = _____
34. 12 + 2 = _____
35. 12 + 1 = _____
36. 11 + 19 = _____
37. 13 + 12 = _____
38. 10 + 12 = _____
39. 15 + 18 = _____
40. 16 + 15 = _____
41. 10 + 11 = _____
42. 15 + 3 = _____
43. 4 + 16 = _____
44. 16 + 18 = _____
45. 8 + 6 = _____

Name: _____ Score: _____ Time: _____ Date: _____

Exercise 87

1. 5 + 10 = _____
2. 1 + 2 = _____
3. 8 + 18 = _____
4. 7 + 12 = _____
5. 6 + 14 = _____
6. 17 + 11 = _____
7. 5 + 11 = _____
8. 16 + 4 = _____
9. 9 + 2 = _____
10. 8 + 10 = _____
11. 9 + 8 = _____
12. 0 + 1 = _____
13. 16 + 6 = _____
14. 17 + 4 = _____
15. 2 + 11 = _____
16. 6 + 20 = _____
17. 12 + 13 = _____
18. 9 + 5 = _____
19. 19 + 8 = _____
20. 13 + 0 = _____
21. 1 + 19 = _____
22. 2 + 7 = _____
23. 2 + 0 = _____
24. 19 + 18 = _____
25. 7 + 7 = _____
26. 18 + 7 = _____
27. 15 + 16 = _____
28. 19 + 15 = _____
29. 7 + 20 = _____
30. 8 + 19 = _____
31. 15 + 3 = _____
32. 1 + 5 = _____
33. 14 + 12 = _____
34. 16 + 13 = _____
35. 12 + 18 = _____
36. 5 + 20 = _____
37. 19 + 7 = _____
38. 18 + 10 = _____
39. 12 + 17 = _____
40. 3 + 14 = _____
41. 6 + 7 = _____
42. 16 + 19 = _____
43. 11 + 18 = _____
44. 12 + 20 = _____
45. 9 + 17 = _____

Name: _____ Score: _____ Time: _____ Date: _____

Exercise 88

1. 7 + 11 = _____
2. 18 + 19 = _____
3. 12 + 18 = _____
4. 0 + 14 = _____
5. 18 + 18 = _____
6. 11 + 10 = _____
7. 10 + 4 = _____
8. 1 + 20 = _____
9. 20 + 17 = _____
10. 20 + 15 = _____
11. 18 + 4 = _____
12. 12 + 6 = _____
13. 7 + 17 = _____
14. 6 + 18 = _____
15. 19 + 8 = _____
16. 11 + 18 = _____
17. 20 + 20 = _____
18. 20 + 2 = _____
19. 9 + 9 = _____
20. 11 + 7 = _____
21. 19 + 16 = _____
22. 3 + 19 = _____
23. 13 + 16 = _____
24. 19 + 15 = _____
25. 17 + 6 = _____
26. 12 + 11 = _____
27. 1 + 4 = _____
28. 1 + 19 = _____
29. 6 + 9 = _____
30. 9 + 6 = _____
31. 6 + 8 = _____
32. 0 + 16 = _____
33. 6 + 10 = _____
34. 10 + 2 = _____
35. 4 + 9 = _____
36. 18 + 14 = _____
37. 10 + 17 = _____
38. 1 + 11 = _____
39. 19 + 10 = _____
40. 5 + 5 = _____
41. 4 + 8 = _____
42. 14 + 12 = _____
43. 6 + 13 = _____
44. 10 + 14 = _____
45. 19 + 3 = _____

Name: _____ Score: _____ Time: _____ Date: _____

Exercise 89

1. 6 + 3 = _____
2. 0 + 13 = _____
3. 15 + 10 = _____
4. 4 + 19 = _____
5. 12 + 18 = _____
6. 4 + 16 = _____
7. 17 + 12 = _____
8. 14 + 4 = _____
9. 17 + 13 = _____
10. 12 + 2 = _____
11. 7 + 10 = _____
12. 11 + 20 = _____
13. 3 + 9 = _____
14. 3 + 7 = _____
15. 3 + 20 = _____
16. 10 + 6 = _____
17. 6 + 14 = _____
18. 16 + 8 = _____
19. 6 + 12 = _____
20. 15 + 11 = _____
21. 11 + 7 = _____
22. 15 + 17 = _____
23. 17 + 10 = _____
24. 9 + 4 = _____
25. 13 + 6 = _____
26. 8 + 8 = _____
27. 1 + 4 = _____
28. 10 + 8 = _____
29. 4 + 0 = _____
30. 11 + 8 = _____
31. 5 + 11 = _____
32. 14 + 20 = _____
33. 18 + 13 = _____
34. 11 + 6 = _____
35. 11 + 11 = _____
36. 5 + 1 = _____
37. 1 + 19 = _____
38. 9 + 9 = _____
39. 6 + 16 = _____
40. 9 + 6 = _____
41. 15 + 9 = _____
42. 11 + 19 = _____
43. 5 + 18 = _____
44. 13 + 12 = _____
45. 13 + 18 = _____

Name: _____ Score: _____ Time: _____ Date: _____

Exercise 90

1. 16 + 6 = _____
2. 8 + 14 = _____
3. 6 + 7 = _____
4. 9 + 9 = _____
5. 0 + 19 = _____
6. 11 + 0 = _____
7. 17 + 14 = _____
8. 8 + 11 = _____
9. 20 + 20 = _____
10. 7 + 4 = _____
11. 10 + 2 = _____
12. 4 + 15 = _____
13. 1 + 14 = _____
14. 9 + 2 = _____
15. 2 + 10 = _____
16. 17 + 18 = _____
17. 7 + 12 = _____
18. 3 + 17 = _____
19. 7 + 15 = _____
20. 18 + 3 = _____
21. 16 + 18 = _____
22. 11 + 20 = _____
23. 8 + 2 = _____
24. 15 + 8 = _____
25. 19 + 1 = _____
26. 0 + 18 = _____
27. 8 + 8 = _____
28. 1 + 17 = _____
29. 17 + 3 = _____
30. 2 + 0 = _____
31. 0 + 7 = _____
32. 19 + 4 = _____
33. 6 + 15 = _____
34. 1 + 2 = _____
35. 9 + 4 = _____
36. 19 + 11 = _____
37. 8 + 20 = _____
38. 9 + 19 = _____
39. 13 + 10 = _____
40. 9 + 3 = _____
41. 19 + 12 = _____
42. 17 + 12 = _____
43. 8 + 17 = _____
44. 2 + 15 = _____
45. 6 + 14 = _____

Answer Keys

Exercise 1:
1. 7   2. 9   3. 5   4. 8   5. 6   6. 10   7. 2   8. 3   9. 1   10. 11   11. 4   12. 10
13. 8   14. 9   15. 5   16. 6   17. 4   18. 5   19. 6   20. 6   21. 5   22. 6   23. 6   24. 4
25. 8   26. 10   27. 11   28. 6   29. 8   30. 6   31. 8   32. 2   33. 10   34. 1   35. 3   36. 7
37. 4   38. 1   39. 4   40. 7   41. 7   42. 9   43. 10   44. 8   45. 9

Exercise 2:
1. 10   2. 9   3. 5   4. 1   5. 4   6. 6   7. 8   8. 7   9. 2   10. 11   11. 3   12. 1
13. 6   14. 3   15. 4   16. 5   17. 6   18. 9   19. 5   20. 6   21. 9   22. 5   23. 11   24. 11
25. 5   26. 3   27. 2   28. 11   29. 9   30. 5   31. 9   32. 7   33. 6   34. 11   35. 9   36. 8
37. 3   38. 6   39. 8   40. 6   41. 9   42. 7   43. 1   44. 1   45. 9

Exercise 3:
1. 11   2. 5   3. 3   4. 9   5. 8   6. 1   7. 6   8. 2   9. 4   10. 10   11. 7   12. 9
13. 4   14. 5   15. 9   16. 1   17. 5   18. 7   19. 4   20. 4   21. 6   22. 10   23. 6   24. 11
25. 7   26. 3   27. 1   28. 7   29. 10   30. 3   31. 7   32. 7   33. 6   34. 4   35. 10   36. 11
37. 1   38. 5   39. 4   40. 10   41. 5   42. 11   43. 1   44. 4   45. 9

Exercise 4:
1. 4   2. 8   3. 11   4. 5   5. 10   6. 6   7. 9   8. 12   9. 7   10. 3   11. 2   12. 2
13. 8   14. 12   15. 11   16. 10   17. 2   18. 8   19. 12   20. 10   21. 11   22. 4   23. 7   24. 7
25. 8   26. 9   27. 7   28. 6   29. 8   30. 6   31. 12   32. 3   33. 8   34. 6   35. 7   36. 11
37. 2   38. 3   39. 2   40. 5   41. 12   42. 6   43. 6   44. 8   45. 9

Exercise 5:
1. 2   2. 9   3. 7   4. 11   5. 3   6. 12   7. 5   8. 8   9. 4   10. 10   11. 6   12. 12
13. 10   14. 12   15. 9   16. 4   17. 3   18. 8   19. 9   20. 2   21. 12   22. 9   23. 2   24. 3
25. 3   26. 7   27. 6   28. 7   29. 7   30. 2   31. 10   32. 6   33. 10   34. 6   35. 5   36. 6
37. 6   38. 9   39. 10   40. 6   41. 3   42. 12   43. 3   44. 10   45. 5

Exercise 6:
1. 6   2. 5   3. 3   4. 4   5. 11   6. 9   7. 7   8. 8   9. 10   10. 12   11. 2   12. 9
13. 6   14. 2   15. 7   16. 6   17. 7   18. 2   19. 4   20. 10   21. 6   22. 7   23. 3   24. 5
25. 4   26. 12   27. 7   28. 7   29. 9   30. 3   31. 12   32. 10   33. 9   34. 12   35. 4   36. 12
37. 10   38. 8   39. 5   40. 8   41. 7   42. 7   43. 10   44. 4   45. 7

Exercise 7:
1. 5   2. 8   3. 9   4. 3   5. 11   6. 13   7. 6   8. 12   9. 7   10. 4   11. 10   12. 8
13. 3   14. 4   15. 10   16. 6   17. 10   18. 10   19. 8   20. 4   21. 3   22. 6   23. 3   24. 7
25. 12   26. 10   27. 5   28. 13   29. 9   30. 8   31. 4   32. 12   33. 5   34. 13   35. 9   36. 11
37. 3   38. 5   39. 8   40. 4   41. 10   42. 13   43. 5   44. 3   45. 12

Exercise 8:
1. 8   2. 12   3. 4   4. 7   5. 11   6. 10   7. 3   8. 9   9. 6   10. 5   11. 13   12. 7
13. 4   14. 9   15. 6   16. 8   17. 10   18. 5   19. 9   20. 10   21. 6   22. 7   23. 4   24. 6
25. 9   26. 11   27. 3   28. 13   29. 6   30. 11   31. 6   32. 11   33. 3   34. 8   35. 13   36. 13
37. 5   38. 7   39. 10   40. 5   41. 11   42. 5   43. 6   44. 8   45. 4

Answer Keys

Exercise 9:

1. 5	2. 9	3. 7	4. 3	5. 8	6. 13	7. 11	8. 10	9. 4	10. 12	11. 6	12. 8
13. 9	14. 9	15. 3	16. 11	17. 10	18. 7	19. 3	20. 12	21. 9	22. 13	23. 8	24. 7
25. 3	26. 8	27. 12	28. 4	29. 11	30. 6	31. 12	32. 10	33. 5	34. 7	35. 7	36. 9
37. 6	38. 3	39. 4	40. 3	41. 4	42. 4	43. 11	44. 3	45. 12			

Exercise 10:

1. 14	2. 10	3. 5	4. 7	5. 4	6. 8	7. 11	8. 6	9. 12	10. 13	11. 9	12. 9
13. 6	14. 10	15. 10	16. 14	17. 10	18. 5	19. 5	20. 12	21. 8	22. 8	23. 14	24. 12
25. 4	26. 12	27. 4	28. 14	29. 5	30. 5	31. 10	32. 6	33. 12	34. 14	35. 6	36. 11
37. 6	38. 8	39. 12	40. 11	41. 4	42. 7	43. 10	44. 11	45. 4			

Exercise 11:

1. 11	2. 7	3. 9	4. 14	5. 4	6. 12	7. 6	8. 8	9. 5	10. 10	11. 13	12. 4
13. 11	14. 6	15. 13	16. 13	17. 7	18. 4	19. 6	20. 9	21. 9	22. 9	23. 5	24. 8
25. 9	26. 8	27. 8	28. 6	29. 11	30. 10	31. 9	32. 8	33. 13	34. 9	35. 5	36. 6
37. 7	38. 5	39. 6	40. 10	41. 8	42. 11	43. 10	44. 11	45. 11			

Exercise 12:

1. 14	2. 4	3. 13	4. 10	5. 7	6. 12	7. 8	8. 5	9. 9	10. 6	11. 11	12. 13
13. 5	14. 12	15. 5	16. 5	17. 5	18. 9	19. 4	20. 13	21. 14	22. 9	23. 11	24. 5
25. 9	26. 7	27. 13	28. 12	29. 5	30. 11	31. 4	32. 11	33. 8	34. 9	35. 4	36. 4
37. 5	38. 12	39. 5	40. 9	41. 6	42. 7	43. 9	44. 12	45. 7			

Exercise 13:

1. 14	2. 15	3. 7	4. 9	5. 12	6. 5	7. 6	8. 10	9. 8	10. 11	11. 13	12. 10
13. 9	14. 11	15. 13	16. 14	17. 7	18. 9	19. 12	20. 12	21. 13	22. 15	23. 12	24. 10
25. 7	26. 7	27. 12	28. 6	29. 10	30. 7	31. 10	32. 6	33. 6	34. 15	35. 9	36. 13
37. 6	38. 9	39. 15	40. 14	41. 10	42. 12	43. 11	44. 9	45. 8			

Exercise 14:

1. 7	2. 8	3. 13	4. 14	5. 10	6. 5	7. 6	8. 9	9. 11	10. 12	11. 15	12. 8
13. 5	14. 15	15. 12	16. 14	17. 7	18. 12	19. 11	20. 7	21. 14	22. 14	23. 12	24. 8
25. 12	26. 6	27. 13	28. 15	29. 12	30. 12	31. 14	32. 10	33. 15	34. 6	35. 6	36. 15
37. 15	38. 10	39. 8	40. 15	41. 5	42. 12	43. 14	44. 14	45. 5			

Exercise 15:

1. 12	2. 8	3. 9	4. 7	5. 11	6. 14	7. 5	8. 15	9. 6	10. 10	11. 13	12. 12
13. 13	14. 12	15. 11	16. 13	17. 9	18. 5	19. 13	20. 12	21. 15	22. 11	23. 8	24. 5
25. 9	26. 15	27. 8	28. 5	29. 9	30. 5	31. 5	32. 8	33. 6	34. 12	35. 5	36. 6
37. 5	38. 11	39. 12	40. 9	41. 5	42. 5	43. 8	44. 13	45. 8			

Exercise 16:

1. 14	2. 11	3. 10	4. 16	5. 9	6. 13	7. 6	8. 12	9. 8	10. 15	11. 7	12. 6
13. 15	14. 16	15. 16	16. 8	17. 14	18. 15	19. 8	20. 13	21. 10	22. 9	23. 13	24. 9
25. 8	26. 9	27. 8	28. 7	29. 16	30. 16	31. 16	32. 14	33. 10	34. 14	35. 16	36. 6
37. 9	38. 7	39. 9	40. 12	41. 16	42. 9	43. 15	44. 8	45. 11			

Answer Keys

Exercise 17:
1. 13 2. 8 3. 11 4. 14 5. 9 6. 15 7. 10 8. 6 9. 7 10. 12 11. 16 12. 7
13. 9 14. 9 15. 14 16. 12 17. 15 18. 9 19. 16 20. 10 21. 7 22. 9 23. 16 24. 16
25. 11 26. 7 27. 8 28. 15 29. 7 30. 6 31. 12 32. 11 33. 7 34. 13 35. 11 36. 10
37. 7 38. 9 39. 15 40. 11 41. 10 42. 6 43. 10 44. 8 45. 6

Exercise 18:
1. 14 2. 11 3. 12 4. 16 5. 7 6. 6 7. 9 8. 13 9. 10 10. 8 11. 15 12. 9
13. 11 14. 9 15. 11 16. 13 17. 14 18. 15 19. 7 20. 8 21. 10 22. 11 23. 11 24. 14
25. 11 26. 10 27. 6 28. 12 29. 16 30. 12 31. 9 32. 8 33. 14 34. 10 35. 16 36. 15
37. 9 38. 15 39. 7 40. 13 41. 16 42. 8 43. 11 44. 6 45. 13

Exercise 19:
1. 10 2. 8 3. 9 4. 12 5. 7 6. 13 7. 14 8. 15 9. 11 10. 17 11. 16 12. 16
13. 9 14. 17 15. 11 16. 13 17. 13 18. 13 19. 15 20. 8 21. 17 22. 10 23. 17 24. 9
25. 17 26. 8 27. 11 28. 10 29. 14 30. 15 31. 17 32. 13 33. 14 34. 15 35. 8 36. 7
37. 11 38. 10 39. 13 40. 10 41. 10 42. 10 43. 15 44. 8 45. 14

Exercise 20:
1. 13 2. 8 3. 15 4. 9 5. 17 6. 10 7. 16 8. 7 9. 11 10. 14 11. 12 12. 8
13. 13 14. 12 15. 15 16. 12 17. 15 18. 7 19. 11 20. 13 21. 11 22. 13 23. 10 24. 10
25. 12 26. 14 27. 13 28. 16 29. 8 30. 14 31. 7 32. 14 33. 11 34. 13 35. 13 36. 17
37. 8 38. 8 39. 11 40. 14 41. 8 42. 7 43. 16 44. 14 45. 13

Exercise 21:
1. 13 2. 8 3. 12 4. 7 5. 16 6. 14 7. 9 8. 17 9. 15 10. 10 11. 11 12. 12
13. 8 14. 12 15. 14 16. 12 17. 12 18. 8 19. 11 20. 10 21. 13 22. 12 23. 12 24. 16
25. 12 26. 15 27. 13 28. 11 29. 16 30. 10 31. 15 32. 9 33. 7 34. 11 35. 14 36. 12
37. 9 38. 14 39. 9 40. 13 41. 14 42. 9 43. 10 44. 12 45. 10

Exercise 22:
1. 16 2. 11 3. 15 4. 8 5. 13 6. 14 7. 17 8. 9 9. 18 10. 12 11. 10 12. 14
13. 12 14. 9 15. 8 16. 14 17. 17 18. 8 19. 15 20. 11 21. 12 22. 12 23. 9 24. 10
25. 18 26. 13 27. 16 28. 12 29. 14 30. 9 31. 16 32. 11 33. 14 34. 9 35. 13 36. 8
37. 8 38. 8 39. 18 40. 11 41. 12 42. 13 43. 12 44. 10 45. 12

Exercise 23:
1. 9 2. 14 3. 15 4. 17 5. 11 6. 13 7. 12 8. 10 9. 18 10. 16 11. 8 12. 10
13. 10 14. 9 15. 11 16. 12 17. 9 18. 17 19. 10 20. 10 21. 17 22. 16 23. 11 24. 18
25. 13 26. 13 27. 9 28. 13 29. 16 30. 16 31. 16 32. 17 33. 15 34. 17 35. 10 36. 12
37. 13 38. 17 39. 17 40. 18 41. 14 42. 11 43. 18 44. 9 45. 15

Exercise 24:
1. 9 2. 17 3. 10 4. 16 5. 15 6. 11 7. 13 8. 8 9. 18 10. 12 11. 14 12. 12
13. 16 14. 8 15. 18 16. 18 17. 8 18. 12 19. 18 20. 18 21. 10 22. 11 23. 18 24. 11
25. 13 26. 11 27. 13 28. 14 29. 9 30. 18 31. 16 32. 14 33. 9 34. 8 35. 13 36. 11
37. 17 38. 18 39. 8 40. 11 41. 14 42. 18 43. 15 44. 10 45. 14

Answer Keys

Exercise 25:
1. 16	2. 12	3. 17	4. 14	5. 11	6. 10	7. 15	8. 19	9. 18	10. 13	11. 9	12. 13
13. 13	14. 15	15. 11	16. 17	17. 18	18. 16	19. 15	20. 17	21. 18	22. 16	23. 12	24. 17
25. 12	26. 10	27. 11	28. 10	29. 11	30. 10	31. 9	32. 18	33. 9	34. 17	35. 10	36. 9
37. 12	38. 9	39. 19	40. 12	41. 15	42. 19	43. 19	44. 16	45. 13			

Exercise 26:
1. 16	2. 15	3. 10	4. 17	5. 18	6. 14	7. 12	8. 19	9. 13	10. 11	11. 9	12. 10
13. 13	14. 19	15. 14	16. 18	17. 14	18. 9	19. 19	20. 11	21. 9	22. 16	23. 10	24. 17
25. 19	26. 15	27. 9	28. 18	29. 18	30. 9	31. 17	32. 14	33. 10	34. 19	35. 13	36. 16
37. 19	38. 18	39. 13	40. 18	41. 14	42. 11	43. 10	44. 14	45. 19			

Exercise 27:
1. 14	2. 15	3. 9	4. 12	5. 11	6. 18	7. 10	8. 13	9. 17	10. 19	11. 16	12. 14
13. 18	14. 15	15. 11	16. 17	17. 15	18. 9	19. 13	20. 11	21. 17	22. 11	23. 11	24. 18
25. 9	26. 15	27. 16	28. 19	29. 19	30. 9	31. 19	32. 9	33. 13	34. 12	35. 11	36. 11
37. 15	38. 15	39. 18	40. 14	41. 11	42. 18	43. 13	44. 19	45. 9			

Exercise 28:
1. 13	2. 19	3. 12	4. 15	5. 14	6. 16	7. 18	8. 17	9. 11	10. 10	11. 20	12. 20
13. 19	14. 14	15. 12	16. 15	17. 10	18. 17	19. 15	20. 17	21. 18	22. 19	23. 19	24. 11
25. 11	26. 11	27. 15	28. 10	29. 14	30. 12	31. 12	32. 20	33. 16	34. 19	35. 13	36. 17
37. 14	38. 10	39. 13	40. 16	41. 17	42. 16	43. 18	44. 19	45. 11			

Exercise 29:
1. 19	2. 18	3. 16	4. 10	5. 13	6. 20	7. 14	8. 17	9. 12	10. 11	11. 15	12. 12
13. 15	14. 18	15. 16	16. 20	17. 16	18. 10	19. 15	20. 10	21. 18	22. 10	23. 18	24. 16
25. 12	26. 16	27. 14	28. 20	29. 20	30. 10	31. 16	32. 16	33. 18	34. 12	35. 12	36. 19
37. 13	38. 14	39. 19	40. 11	41. 11	42. 10	43. 16	44. 11	45. 14			

Exercise 30:
1. 16	2. 17	3. 13	4. 18	5. 10	6. 11	7. 15	8. 14	9. 12	10. 19	11. 20	12. 19
13. 19	14. 20	15. 12	16. 11	17. 18	18. 18	19. 17	20. 11	21. 13	22. 18	23. 20	24. 10
25. 10	26. 15	27. 17	28. 13	29. 15	30. 20	31. 15	32. 20	33. 18	34. 15	35. 16	36. 16
37. 20	38. 17	39. 10	40. 20	41. 10	42. 19	43. 15	44. 11	45. 17			

Exercise 31:
1. 11	2. 15	3. 11	4. 15	5. 14	6. 12	7. 11	8. 14	9. 7	10. 14	11. 15	12. 11
13. 16	14. 7	15. 11	16. 10	17. 4	18. 18	19. 6	20. 13	21. 3	22. 12	23. 12	24. 9
25. 6	26. 10	27. 9	28. 5	29. 19	30. 6	31. 17	32. 13	33. 5	34. 10	35. 9	36. 7
37. 12	38. 9	39. 10	40. 18	41. 7	42. 4	43. 15	44. 5	45. 16			

Exercise 32:
1. 12	2. 9	3. 11	4. 11	5. 0	6. 17	7. 7	8. 10	9. 6	10. 10	11. 15	12. 16
13. 8	14. 8	15. 1	16. 10	17. 10	18. 14	19. 2	20. 13	21. 11	22. 6	23. 13	24. 16
25. 9	26. 2	27. 4	28. 11	29. 9	30. 5	31. 16	32. 7	33. 20	34. 15	35. 7	36. 11
37. 3	38. 12	39. 7	40. 13	41. 10	42. 6	43. 19	44. 10	45. 14			

Answer Keys

Exercise 33:
1. 2	2. 19	3. 6	4. 8	5. 12	6. 9	7. 16	8. 15	9. 8	10. 12	11. 14	12. 4
13. 8	14. 8	15. 14	16. 4	17. 11	18. 3	19. 7	20. 13	21. 15	22. 1	23. 12	24. 6
25. 9	26. 17	27. 7	28. 13	29. 3	30. 9	31. 10	32. 9	33. 14	34. 10	35. 7	36. 7
37. 5	38. 11	39. 15	40. 5	41. 4	42. 10	43. 18	44. 8	45. 6			

Exercise 34:
1. 11	2. 4	3. 12	4. 15	5. 13	6. 7	7. 9	8. 12	9. 10	10. 10	11. 6	12. 18
13. 9	14. 11	15. 16	16. 13	17. 10	18. 11	19. 8	20. 7	21. 13	22. 9	23. 16	24. 12
25. 2	26. 3	27. 8	28. 14	29. 17	30. 13	31. 14	32. 11	33. 8	34. 3	35. 14	36. 2
37. 9	38. 6	39. 6	40. 13	41. 12	42. 5	43. 15	44. 9	45. 15			

Exercise 35:
1. 10	2. 12	3. 4	4. 4	5. 1	6. 10	7. 6	8. 6	9. 5	10. 10	11. 7	12. 3
13. 7	14. 15	15. 11	16. 19	17. 8	18. 8	19. 2	20. 14	21. 12	22. 7	23. 11	24. 8
25. 12	26. 4	27. 18	28. 15	29. 4	30. 13	31. 13	32. 14	33. 16	34. 14	35. 8	36. 18
37. 6	38. 9	39. 8	40. 11	41. 17	42. 15	43. 6	44. 15	45. 17			

Exercise 36:
1. 6	2. 4	3. 10	4. 12	5. 15	6. 14	7. 4	8. 7	9. 13	10. 11	11. 5	12. 11
13. 19	14. 18	15. 10	16. 5	17. 16	18. 0	19. 6	20. 8	21. 7	22. 1	23. 5	24. 2
25. 3	26. 11	27. 8	28. 9	29. 18	30. 9	31. 10	32. 9	33. 12	34. 2	35. 12	36. 14
37. 7	38. 11	39. 9	40. 6	41. 9	42. 14	43. 15	44. 12	45. 16			

Exercise 37:
1. 9	2. 16	3. 9	4. 13	5. 3	6. 1	7. 12	8. 15	9. 7	10. 7	11. 10	12. 4
13. 7	14. 0	15. 12	16. 12	17. 19	18. 11	19. 9	20. 11	21. 12	22. 6	23. 10	24. 13
25. 4	26. 15	27. 12	28. 5	29. 3	30. 10	31. 6	32. 10	33. 10	34. 10	35. 11	36. 13
37. 10	38. 11	39. 8	40. 5	41. 3	42. 6	43. 8	44. 17	45. 9			

Exercise 38:
1. 4	2. 5	3. 16	4. 17	5. 7	6. 8	7. 10	8. 18	9. 4	10. 11	11. 11	12. 4
13. 6	14. 8	15. 3	16. 15	17. 15	18. 9	19. 2	20. 11	21. 11	22. 10	23. 6	24. 7
25. 13	26. 6	27. 8	28. 12	29. 3	30. 14	31. 15	32. 3	33. 14	34. 12	35. 7	36. 4
37. 5	38. 17	39. 13	40. 18	41. 9	42. 12	43. 7	44. 10	45. 12			

Exercise 39:
1. 13	2. 9	3. 3	4. 10	5. 14	6. 9	7. 13	8. 12	9. 12	10. 9	11. 17	12. 9
13. 11	14. 12	15. 10	16. 13	17. 17	18. 8	19. 7	20. 9	21. 16	22. 6	23. 8	24. 15
25. 14	26. 5	27. 6	28. 0	29. 7	30. 14	31. 18	32. 5	33. 16	34. 6	35. 5	36. 17
37. 12	38. 19	39. 6	40. 1	41. 9	42. 13	43. 14	44. 7	45. 8			

Exercise 40:
1. 4	2. 10	3. 6	4. 10	5. 5	6. 11	7. 17	8. 15	9. 7	10. 11	11. 13	12. 8
13. 12	14. 14	15. 10	16. 10	17. 8	18. 14	19. 20	20. 11	21. 7	22. 8	23. 10	24. 16
25. 9	26. 1	27. 6	28. 12	29. 1	30. 7	31. 18	32. 12	33. 6	34. 4	35. 14	36. 12
37. 17	38. 19	39. 7	40. 12	41. 13	42. 8	43. 9	44. 16	45. 13			

Answer Keys

Exercise 41:

1. 25	2. 20	3. 26	4. 13	5. 24	6. 16	7. 12	8. 11	9. 23	10. 19	11. 22	12. 15
13. 18	14. 30	15. 27	16. 17	17. 28	18. 31	19. 14	20. 29	21. 21	22. 16	23. 14	24. 25
25. 28	26. 13	27. 21	28. 17	29. 25	30. 18	31. 28	32. 31	33. 29	34. 23	35. 28	36. 22
37. 22	38. 17	39. 21	40. 12	41. 29	42. 20	43. 19	44. 30	45. 13			

Exercise 42:

1. 26	2. 31	3. 29	4. 21	5. 13	6. 25	7. 23	8. 19	9. 28	10. 20	11. 30	12. 27
13. 17	14. 11	15. 12	16. 18	17. 15	18. 22	19. 24	20. 16	21. 14	22. 12	23. 24	24. 21
25. 25	26. 24	27. 29	28. 17	29. 11	30. 26	31. 13	32. 20	33. 31	34. 27	35. 14	36. 21
37. 14	38. 30	39. 14	40. 28	41. 16	42. 19	43. 12	44. 28	45. 19			

Exercise 43:

1. 24	2. 21	3. 11	4. 25	5. 23	6. 27	7. 12	8. 29	9. 19	10. 16	11. 14	12. 18
13. 22	14. 17	15. 13	16. 31	17. 30	18. 28	19. 15	20. 20	21. 26	22. 15	23. 17	24. 11
25. 26	26. 21	27. 31	28. 19	29. 17	30. 17	31. 13	32. 28	33. 26	34. 18	35. 18	36. 30
37. 29	38. 23	39. 28	40. 20	41. 19	42. 15	43. 16	44. 12	45. 12			

Exercise 44:

1. 21	2. 30	3. 32	4. 24	5. 20	6. 23	7. 14	8. 25	9. 16	10. 13	11. 17	12. 31
13. 27	14. 22	15. 15	16. 29	17. 26	18. 19	19. 28	20. 12	21. 18	22. 18	23. 23	24. 12
25. 17	26. 15	27. 14	28. 28	29. 13	30. 32	31. 17	32. 32	33. 14	34. 12	35. 12	36. 20
37. 13	38. 26	39. 23	40. 19	41. 18	42. 31	43. 29	44. 29	45. 19			

Exercise 45:

1. 24	2. 17	3. 18	4. 19	5. 12	6. 29	7. 23	8. 31	9. 28	10. 27	11. 30	12. 21
13. 16	14. 15	15. 13	16. 20	17. 25	18. 32	19. 14	20. 26	21. 22	22. 15	23. 30	24. 26
25. 31	26. 19	27. 17	28. 14	29. 23	30. 17	31. 31	32. 24	33. 21	34. 31	35. 27	36. 27
37. 14	38. 30	39. 31	40. 14	41. 20	42. 16	43. 24	44. 16	45. 12			

Exercise 46:

1. 28	2. 16	3. 22	4. 31	5. 25	6. 12	7. 13	8. 27	9. 18	10. 14	11. 23	12. 19
13. 32	14. 20	15. 17	16. 21	17. 26	18. 30	19. 15	20. 29	21. 24	22. 23	23. 18	24. 16
25. 26	26. 30	27. 27	28. 25	29. 31	30. 24	31. 16	32. 29	33. 22	34. 21	35. 16	36. 16
37. 14	38. 27	39. 19	40. 29	41. 31	42. 28	43. 15	44. 28	45. 27			

Exercise 47:

1. 19	2. 13	3. 26	4. 24	5. 25	6. 21	7. 17	8. 16	9. 23	10. 29	11. 18	12. 28
13. 33	14. 20	15. 15	16. 32	17. 31	18. 27	19. 14	20. 30	21. 22	22. 33	23. 14	24. 16
25. 27	26. 27	27. 21	28. 18	29. 28	30. 27	31. 33	32. 25	33. 30	34. 32	35. 21	36. 19
37. 15	38. 27	39. 29	40. 18	41. 24	42. 33	43. 29	44. 16	45. 18			

Exercise 48:

1. 30	2. 19	3. 17	4. 20	5. 25	6. 32	7. 16	8. 23	9. 18	10. 14	11. 26	12. 31
13. 13	14. 24	15. 28	16. 15	17. 33	18. 21	19. 29	20. 22	21. 27	22. 16	23. 16	24. 22
25. 13	26. 19	27. 13	28. 25	29. 30	30. 25	31. 18	32. 17	33. 16	34. 14	35. 17	36. 31
37. 24	38. 28	39. 31	40. 28	41. 22	42. 31	43. 16	44. 28	45. 31			

Answer Keys

Exercise 49:
1. 30 2. 33 3. 23 4. 16 5. 29 6. 14 7. 13 8. 26 9. 15 10. 32 11. 19 12. 31
13. 28 14. 17 15. 20 16. 27 17. 25 18. 18 19. 22 20. 24 21. 21 22. 27 23. 30 24. 24
25. 29 26. 30 27. 13 28. 20 29. 23 30. 24 31. 29 32. 16 33. 13 34. 19 35. 14 36. 18
37. 25 38. 31 39. 28 40. 19 41. 29 42. 30 43. 14 44. 21 45. 22

Exercise 50:
1. 24 2. 33 3. 19 4. 23 5. 31 6. 34 7. 15 8. 26 9. 14 10. 20 11. 16 12. 32
13. 27 14. 25 15. 21 16. 22 17. 30 18. 17 19. 28 20. 29 21. 18 22. 14 23. 31 24. 21
25. 25 26. 16 27. 31 28. 28 29. 17 30. 32 31. 26 32. 28 33. 23 34. 17 35. 22 36. 18
37. 19 38. 34 39. 18 40. 24 41. 20 42. 32 43. 34 44. 33 45. 25

Exercise 51:
1. 34 2. 17 3. 30 4. 33 5. 27 6. 22 7. 29 8. 25 9. 26 10. 16 11. 19 12. 28
13. 20 14. 31 15. 18 16. 24 17. 23 18. 21 19. 14 20. 15 21. 32 22. 22 23. 34 24. 18
25. 32 26. 14 27. 20 28. 32 29. 33 30. 32 31. 22 32. 21 33. 28 34. 28 35. 28 36. 22
37. 17 38. 29 39. 34 40. 22 41. 21 42. 23 43. 28 44. 16 45. 14

Exercise 52:
1. 23 2. 26 3. 32 4. 21 5. 14 6. 17 7. 33 8. 15 9. 19 10. 29 11. 20 12. 16
13. 31 14. 27 15. 18 16. 34 17. 25 18. 28 19. 24 20. 30 21. 22 22. 24 23. 28 24. 14
25. 33 26. 29 27. 33 28. 28 29. 26 30. 23 31. 27 32. 27 33. 19 34. 14 35. 17 36. 34
37. 34 38. 34 39. 28 40. 23 41. 29 42. 14 43. 18 44. 15 45. 32

Exercise 53:
1. 32 2. 18 3. 15 4. 26 5. 35 6. 34 7. 20 8. 22 9. 31 10. 16 11. 24 12. 28
13. 33 14. 30 15. 21 16. 17 17. 29 18. 27 19. 25 20. 23 21. 19 22. 15 23. 16 24. 34
25. 21 26. 21 27. 21 28. 23 29. 32 30. 17 31. 23 32. 20 33. 24 34. 29 35. 17 36. 26
37. 33 38. 32 39. 21 40. 16 41. 35 42. 29 43. 30 44. 16 45. 23

Exercise 54:
1. 16 2. 22 3. 24 4. 17 5. 32 6. 31 7. 25 8. 21 9. 19 10. 33 11. 18 12. 15
13. 23 14. 26 15. 35 16. 30 17. 28 18. 27 19. 29 20. 34 21. 20 22. 26 23. 23 24. 21
25. 26 26. 34 27. 25 28. 15 29. 31 30. 20 31. 18 32. 15 33. 21 34. 24 35. 25 36. 22
37. 26 38. 34 39. 32 40. 20 41. 21 42. 33 43. 18 44. 31 45. 24

Exercise 55:
1. 28 2. 18 3. 27 4. 24 5. 22 6. 16 7. 30 8. 34 9. 25 10. 26 11. 15 12. 31
13. 29 14. 19 15. 32 16. 33 17. 20 18. 17 19. 35 20. 21 21. 23 22. 28 23. 34 24. 18
25. 23 26. 21 27. 24 28. 29 29. 20 30. 29 31. 23 32. 35 33. 20 34. 26 35. 28 36. 30
37. 28 38. 16 39. 28 40. 26 41. 16 42. 31 43. 24 44. 25 45. 26

Exercise 56:
1. 27 2. 35 3. 20 4. 33 5. 26 6. 34 7. 18 8. 28 9. 19 10. 30 11. 22 12. 24
13. 36 14. 21 15. 17 16. 16 17. 23 18. 31 19. 29 20. 32 21. 25 22. 27 23. 36 24. 32
25. 27 26. 35 27. 33 28. 35 29. 29 30. 28 31. 23 32. 19 33. 33 34. 18 35. 23 36. 31
37. 19 38. 27 39. 35 40. 27 41. 24 42. 28 43. 24 44. 25 45. 31

Answer Keys

Exercise 57:
1. 22   2. 21   3. 26   4. 25   5. 35   6. 23   7. 28   8. 19   9. 20   10. 36   11. 29   12. 30
13. 34   14. 27   15. 32   16. 17   17. 18   18. 31   19. 24   20. 16   21. 33   22. 34   23. 27   24. 35
25. 20   26. 29   27. 18   28. 36   29. 19   30. 21   31. 33   32. 36   33. 33   34. 31   35. 26   36. 18
37. 26   38. 16   39. 32   40. 17   41. 19   42. 23   43. 22   44. 36   45. 35

Exercise 58:
1. 19   2. 29   3. 32   4. 24   5. 21   6. 17   7. 36   8. 26   9. 34   10. 31   11. 27   12. 22
13. 33   14. 28   15. 25   16. 30   17. 35   18. 16   19. 20   20. 23   21. 18   22. 31   23. 28   24. 30
25. 33   26. 21   27. 25   28. 32   29. 27   30. 20   31. 23   32. 27   33. 33   34. 36   35. 19   36. 30
37. 27   38. 18   39. 18   40. 29   41. 22   42. 34   43. 23   44. 23   45. 20

Exercise 59:
1. 36   2. 18   3. 32   4. 24   5. 30   6. 35   7. 34   8. 25   9. 29   10. 23   11. 17   12. 26
13. 37   14. 21   15. 22   16. 28   17. 19   18. 31   19. 27   20. 33   21. 20   22. 19   23. 25   24. 36
25. 31   26. 22   27. 28   28. 32   29. 18   30. 37   31. 31   32. 33   33. 31   34. 17   35. 30   36. 24
37. 24   38. 26   39. 20   40. 34   41. 37   42. 34   43. 23   44. 35   45. 21

Exercise 60:
1. 34   2. 30   3. 22   4. 35   5. 28   6. 24   7. 19   8. 23   9. 33   10. 27   11. 18   12. 26
13. 29   14. 36   15. 31   16. 25   17. 17   18. 20   19. 21   20. 37   21. 32   22. 19   23. 18   24. 22
25. 33   26. 24   27. 28   28. 18   29. 34   30. 37   31. 19   32. 30   33. 32   34. 22   35. 18   36. 23
37. 27   38. 22   39. 32   40. 37   41. 33   42. 25   43. 28   44. 20   45. 26

Exercise 61:
1. 37   2. 36   3. 29   4. 27   5. 31   6. 20   7. 22   8. 30   9. 19   10. 35   11. 21   12. 18
13. 33   14. 17   15. 26   16. 25   17. 28   18. 32   19. 23   20. 24   21. 34   22. 21   23. 22   24. 36
25. 21   26. 32   27. 27   28. 20   29. 29   30. 33   31. 36   32. 29   33. 18   34. 34   35. 32   36. 30
37. 34   38. 23   39. 32   40. 27   41. 25   42. 31   43. 37   44. 22   45. 34

Exercise 62:
1. 38   2. 36   3. 35   4. 31   5. 29   6. 34   7. 37   8. 27   9. 30   10. 24   11. 18   12. 20
13. 33   14. 28   15. 21   16. 22   17. 23   18. 32   19. 19   20. 26   21. 25   22. 21   23. 26   24. 19
25. 36   26. 21   27. 24   28. 32   29. 29   30. 35   31. 28   32. 29   33. 32   34. 26   35. 36   36. 28
37. 27   38. 37   39. 34   40. 28   41. 25   42. 20   43. 35   44. 23   45. 28

Exercise 63:
1. 30   2. 24   3. 36   4. 21   5. 37   6. 23   7. 26   8. 22   9. 33   10. 25   11. 27   12. 20
13. 38   14. 28   15. 31   16. 35   17. 29   18. 34   19. 19   20. 32   21. 18   22. 24   23. 21   24. 34
25. 37   26. 32   27. 22   28. 36   29. 32   30. 18   31. 33   32. 31   33. 23   34. 33   35. 18   36. 23
37. 18   38. 34   39. 19   40. 27   41. 32   42. 27   43. 32   44. 38   45. 33

Exercise 64:
1. 36   2. 20   3. 35   4. 18   5. 23   6. 31   7. 33   8. 19   9. 21   10. 29   11. 26   12. 38
13. 24   14. 30   15. 32   16. 34   17. 37   18. 27   19. 22   20. 28   21. 25   22. 23   23. 19   24. 21
25. 34   26. 30   27. 34   28. 18   29. 23   30. 29   31. 30   32. 33   33. 33   34. 23   35. 37   36. 23
37. 37   38. 36   39. 25   40. 22   41. 26   42. 26   43. 38   44. 38   45. 27

Answer Keys

Exercise 65:
1. 32 2. 27 3. 26 4. 21 5. 23 6. 20 7. 29 8. 30 9. 36 10. 22 11. 24 12. 38
13. 39 14. 28 15. 34 16. 35 17. 25 18. 31 19. 33 20. 37 21. 19 22. 31 23. 20 24. 33
25. 29 26. 38 27. 30 28. 36 29. 34 30. 32 31. 28 32. 30 33. 38 34. 26 35. 25 36. 37
37. 27 38. 34 39. 24 40. 20 41. 24 42. 39 43. 37 44. 27 45. 34

Exercise 66:
1. 21 2. 39 3. 27 4. 37 5. 19 6. 23 7. 31 8. 33 9. 22 10. 35 11. 36 12. 38
13. 26 14. 20 15. 30 16. 28 17. 29 18. 25 19. 34 20. 32 21. 24 22. 27 23. 27 24. 26
25. 34 26. 19 27. 20 28. 24 29. 38 30. 34 31. 23 32. 39 33. 24 34. 26 35. 24 36. 19
37. 34 38. 28 39. 22 40. 30 41. 23 42. 25 43. 32 44. 36 45. 38

Exercise 67:
1. 19 2. 26 3. 24 4. 29 5. 35 6. 36 7. 37 8. 22 9. 21 10. 34 11. 30 12. 20
13. 31 14. 39 15. 33 16. 23 17. 28 18. 27 19. 32 20. 25 21. 38 22. 23 23. 25 24. 21
25. 28 26. 38 27. 31 28. 35 29. 27 30. 32 31. 32 32. 22 33. 24 34. 22 35. 31 36. 23
37. 33 38. 34 39. 35 40. 29 41. 22 42. 23 43. 37 44. 24 45. 39

Exercise 68:
1. 36 2. 22 3. 31 4. 27 5. 28 6. 25 7. 23 8. 26 9. 21 10. 32 11. 20 12. 37
13. 33 14. 40 15. 24 16. 38 17. 34 18. 35 19. 29 20. 39 21. 30 22. 35 23. 32 24. 37
25. 24 26. 31 27. 31 28. 20 29. 40 30. 26 31. 25 32. 37 33. 38 34. 32 35. 32 36. 29
37. 26 38. 23 39. 25 40. 20 41. 22 42. 20 43. 24 44. 25 45. 31

Exercise 69:
1. 33 2. 35 3. 37 4. 30 5. 22 6. 29 7. 40 8. 23 9. 39 10. 24 11. 36 12. 21
13. 26 14. 34 15. 31 16. 20 17. 38 18. 27 19. 32 20. 28 21. 25 22. 26 23. 38 24. 31
25. 20 26. 39 27. 24 28. 31 29. 30 30. 33 31. 39 32. 22 33. 33 34. 38 35. 30 36. 34
37. 23 38. 26 39. 34 40. 24 41. 23 42. 28 43. 40 44. 23 45. 36

Exercise 70:
1. 26 2. 23 3. 32 4. 24 5. 20 6. 30 7. 34 8. 35 9. 25 10. 21 11. 38 12. 31
13. 39 14. 33 15. 29 16. 28 17. 40 18. 27 19. 22 20. 37 21. 36 22. 38 23. 36 24. 33
25. 38 26. 29 27. 38 28. 39 29. 35 30. 39 31. 40 32. 30 33. 27 34. 39 35. 27 36. 27
37. 38 38. 29 39. 28 40. 27 41. 35 42. 29 43. 22 44. 27 45. 37

Exercise 71:
1. 28 2. 14 3. 17 4. 19 5. 21 6. 8 7. 18 8. 9 9. 20 10. 29 11. 13 12. 18
13. 15 14. 31 15. 27 16. 7 17. 9 18. 24 19. 7 20. 24 21. 11 22. 23 23. 17 24. 9
25. 14 26. 27 27. 27 28. 18 29. 19 30. 3 31. 13 32. 8 33. 29 34. 27 35. 8 36. 23
37. 18 38. 19 39. 7 40. 33 41. 10 42. 31 43. 13 44. 25 45. 30

Exercise 72:
1. 28 2. 9 3. 23 4. 27 5. 12 6. 3 7. 26 8. 31 9. 22 10. 23 11. 26 12. 30
13. 32 14. 25 15. 15 16. 21 17. 24 18. 30 19. 21 20. 11 21. 35 22. 14 23. 20 24. 10
25. 19 26. 14 27. 21 28. 7 29. 16 30. 17 31. 14 32. 26 33. 31 34. 13 35. 13 36. 39
37. 8 38. 22 39. 25 40. 20 41. 31 42. 23 43. 11 44. 36 45. 28

Answer Keys

Exercise 73:
1. 6	2. 33	3. 26	4. 16	5. 21	6. 30	7. 13	8. 29	9. 28	10. 5	11. 37	12. 17
13. 13	14. 15	15. 14	16. 17	17. 33	18. 7	19. 19	20. 21	21. 26	22. 24	23. 22	24. 34
25. 19	26. 31	27. 9	28. 26	29. 20	30. 23	31. 19	32. 3	33. 23	34. 19	35. 26	36. 28
37. 15	38. 11	39. 16	40. 10	41. 2	42. 32	43. 2	44. 23	45. 7			

Exercise 74:
1. 24	2. 17	3. 8	4. 12	5. 24	6. 21	7. 31	8. 23	9. 13	10. 21	11. 25	12. 9
13. 19	14. 25	15. 27	16. 20	17. 31	18. 2	19. 12	20. 38	21. 14	22. 22	23. 28	24. 20
25. 23	26. 9	27. 10	28. 21	29. 26	30. 15	31. 18	32. 24	33. 34	34. 32	35. 22	36. 31
37. 20	38. 34	39. 21	40. 20	41. 26	42. 19	43. 23	44. 25	45. 30			

Exercise 75:
1. 25	2. 11	3. 30	4. 23	5. 14	6. 24	7. 11	8. 29	9. 36	10. 13	11. 28	12. 20
13. 28	14. 33	15. 12	16. 22	17. 17	18. 18	19. 30	20. 8	21. 3	22. 16	23. 15	24. 16
25. 9	26. 27	27. 14	28. 15	29. 8	30. 12	31. 15	32. 24	33. 11	34. 10	35. 4	36. 16
37. 19	38. 20	39. 26	40. 24	41. 18	42. 21	43. 7	44. 20	45. 14			

Exercise 76:
1. 16	2. 18	3. 17	4. 26	5. 26	6. 7	7. 29	8. 15	9. 19	10. 29	11. 31	12. 23
13. 15	14. 3	15. 15	16. 5	17. 11	18. 22	19. 22	20. 12	21. 20	22. 8	23. 24	24. 13
25. 20	26. 15	27. 8	28. 34	29. 22	30. 21	31. 9	32. 26	33. 26	34. 12	35. 27	36. 21
37. 3	38. 31	39. 2	40. 25	41. 19	42. 36	43. 36	44. 17	45. 20			

Exercise 77:
1. 26	2. 11	3. 28	4. 3	5. 15	6. 19	7. 21	8. 6	9. 9	10. 19	11. 16	12. 22
13. 17	14. 28	15. 23	16. 5	17. 36	18. 10	19. 25	20. 27	21. 14	22. 11	23. 1	24. 28
25. 23	26. 13	27. 26	28. 27	29. 20	30. 39	31. 6	32. 26	33. 35	34. 13	35. 14	36. 7
37. 31	38. 33	39. 11	40. 7	41. 17	42. 26	43. 20	44. 12	45. 25			

Exercise 78:
1. 26	2. 21	3. 21	4. 29	5. 12	6. 9	7. 26	8. 2	9. 21	10. 2	11. 20	12. 31
13. 20	14. 12	15. 7	16. 30	17. 27	18. 6	19. 14	20. 21	21. 34	22. 28	23. 14	24. 19
25. 12	26. 9	27. 24	28. 17	29. 19	30. 20	31. 22	32. 21	33. 19	34. 12	35. 15	36. 14
37. 28	38. 13	39. 6	40. 22	41. 7	42. 29	43. 17	44. 31	45. 25			

Exercise 79:
1. 16	2. 16	3. 11	4. 22	5. 15	6. 13	7. 9	8. 10	9. 11	10. 18	11. 31	12. 17
13. 31	14. 37	15. 26	16. 11	17. 10	18. 15	19. 24	20. 17	21. 35	22. 14	23. 28	24. 35
25. 13	26. 7	27. 13	28. 17	29. 15	30. 20	31. 12	32. 9	33. 24	34. 4	35. 13	36. 27
37. 8	38. 25	39. 21	40. 23	41. 27	42. 19	43. 14	44. 21	45. 32			

Exercise 80:
1. 9	2. 14	3. 32	4. 9	5. 16	6. 17	7. 17	8. 13	9. 30	10. 27	11. 15	12. 31
13. 31	14. 18	15. 9	16. 20	17. 25	18. 20	19. 34	20. 24	21. 26	22. 26	23. 33	24. 21
25. 35	26. 25	27. 36	28. 25	29. 17	30. 5	31. 14	32. 8	33. 28	34. 16	35. 22	36. 20
37. 16	38. 15	39. 23	40. 24	41. 24	42. 18	43. 25	44. 20	45. 29			

Answer Keys

Exercise 81:
1. 39   2. 30   3. 18   4. 34   5. 19   6. 5   7. 19   8. 23   9. 16   10. 11   11. 25   12. 3
13. 20   14. 15   15. 23   16. 20   17. 34   18. 32   19. 25   20. 17   21. 22   22. 27   23. 20   24. 17
25. 25   26. 10   27. 34   28. 8   29. 26   30. 23   31. 11   32. 31   33. 35   34. 18   35. 30   36. 25
37. 19   38. 6   39. 15   40. 24   41. 1   42. 14   43. 19   44. 12   45. 24

Exercise 82:
1. 29   2. 18   3. 28   4. 31   5. 15   6. 23   7. 30   8. 20   9. 24   10. 23   11. 13   12. 15
13. 14   14. 33   15. 13   16. 4   17. 24   18. 31   19. 28   20. 10   21. 38   22. 12   23. 28   24. 25
25. 20   26. 35   27. 19   28. 34   29. 36   30. 29   31. 6   32. 25   33. 18   34. 21   35. 14   36. 22
37. 23   38. 29   39. 26   40. 7   41. 36   42. 9   43. 20   44. 23   45. 25

Exercise 83:
1. 26   2. 16   3. 17   4. 35   5. 22   6. 26   7. 11   8. 20   9. 10   10. 37   11. 19   12. 34
13. 21   14. 18   15. 27   16. 13   17. 16   18. 21   19. 26   20. 16   21. 20   22. 18   23. 30   24. 34
25. 30   26. 30   27. 20   28. 19   29. 19   30. 13   31. 36   32. 21   33. 34   34. 10   35. 11   36. 18
37. 21   38. 30   39. 28   40. 20   41. 18   42. 17   43. 22   44. 21   45. 16

Exercise 84:
1. 35   2. 39   3. 26   4. 19   5. 37   6. 21   7. 25   8. 13   9. 29   10. 18   11. 13   12. 18
13. 18   14. 7   15. 21   16. 15   17. 14   18. 6   19. 16   20. 20   21. 16   22. 17   23. 26   24. 9
25. 5   26. 21   27. 31   28. 34   29. 21   30. 19   31. 20   32. 12   33. 19   34. 23   35. 8   36. 25
37. 21   38. 26   39. 21   40. 25   41. 29   42. 17   43. 24   44. 21   45. 8

Exercise 85:
1. 15   2. 17   3. 35   4. 2   5. 33   6. 11   7. 15   8. 40   9. 25   10. 3   11. 24   12. 23
13. 9   14. 18   15. 33   16. 0   17. 24   18. 19   19. 20   20. 18   21. 21   22. 38   23. 17   24. 21
25. 20   26. 16   27. 7   28. 7   29. 30   30. 25   31. 27   32. 8   33. 17   34. 14   35. 29   36. 18
37. 30   38. 8   39. 13   40. 25   41. 22   42. 20   43. 15   44. 19   45. 22

Exercise 86:
1. 14   2. 29   3. 8   4. 16   5. 37   6. 25   7. 19   8. 8   9. 24   10. 36   11. 34   12. 17
13. 16   14. 26   15. 14   16. 29   17. 25   18. 22   19. 19   20. 21   21. 20   22. 13   23. 22   24. 14
25. 4   26. 17   27. 11   28. 38   29. 21   30. 24   31. 24   32. 12   33. 12   34. 14   35. 13   36. 30
37. 25   38. 22   39. 33   40. 31   41. 21   42. 18   43. 20   44. 34   45. 14

Exercise 87:
1. 15   2. 3   3. 26   4. 19   5. 20   6. 28   7. 16   8. 20   9. 11   10. 18   11. 17   12. 1
13. 22   14. 21   15. 13   16. 26   17. 25   18. 14   19. 27   20. 13   21. 20   22. 9   23. 2   24. 37
25. 14   26. 25   27. 31   28. 34   29. 27   30. 27   31. 18   32. 6   33. 26   34. 29   35. 30   36. 25
37. 26   38. 28   39. 29   40. 17   41. 13   42. 35   43. 29   44. 32   45. 26

Exercise 88:
1. 18   2. 37   3. 30   4. 14   5. 36   6. 21   7. 14   8. 21   9. 37   10. 35   11. 22   12. 18
13. 24   14. 24   15. 27   16. 29   17. 40   18. 22   19. 18   20. 18   21. 35   22. 22   23. 29   24. 34
25. 23   26. 23   27. 5   28. 20   29. 15   30. 15   31. 14   32. 16   33. 16   34. 12   35. 13   36. 32
37. 27   38. 12   39. 29   40. 10   41. 12   42. 26   43. 19   44. 24   45. 22

Answer Keys

Exercise 89:
1. 9	2. 13	3. 25	4. 23	5. 30	6. 20	7. 29	8. 18	9. 30	10. 14	11. 17	12. 31
13. 12	14. 10	15. 23	16. 16	17. 20	18. 24	19. 18	20. 26	21. 18	22. 32	23. 27	24. 13
25. 19	26. 16	27. 5	28. 18	29. 4	30. 19	31. 16	32. 34	33. 31	34. 17	35. 22	36. 6
37. 20	38. 18	39. 22	40. 15	41. 24	42. 30	43. 23	44. 25	45. 31			

Exercise 90:
1. 22	2. 22	3. 13	4. 18	5. 19	6. 11	7. 31	8. 19	9. 40	10. 11	11. 12	12. 19
13. 15	14. 11	15. 12	16. 35	17. 19	18. 20	19. 22	20. 21	21. 34	22. 31	23. 10	24. 23
25. 20	26. 18	27. 16	28. 18	29. 20	30. 2	31. 7	32. 23	33. 21	34. 3	35. 13	36. 30
37. 28	38. 28	39. 23	40. 12	41. 31	42. 29	43. 25	44. 17	45. 20			

www.ingramcontent.com/pod-product-compliance
Lightning Source LLC
Chambersburg PA
CBHW081442220526
45466CB00008B/2479